U0339251

懂点茶事

耕而陶 著

九州出版社
JIUZHOUPRESS

图书在版编目（CIP）数据

懂点茶事 / 耕而陶著. -- 北京 : 九州出版社, 2024.6

ISBN 978-7-5225-2857-1

Ⅰ. ①懂… Ⅱ. ①耕… Ⅲ. ①茶文化－中国－通俗读物 Ⅳ. ①TS971.21-49

中国国家版本馆CIP数据核字(2024)第088052号

懂点茶事

作　　者　耕而陶　著
选题策划　于善伟
责任编辑　王　佶
封面设计　吕彦秋
出版发行　九州出版社
地　　址　北京市西城区阜外大街甲35号（100037）
发行电话　（010）68992190/3/5/6
网　　址　www.jiuzhoupress.com
印　　刷　鑫艺佳利（天津）印刷有限公司
开　　本　880毫米×1230毫米　32开
印　　张　11.625
字　　数　260千字
版　　次　2024年10月第1版
印　　次　2024年10月第1次印刷
书　　号　ISBN 978-7-5225-2857-1
定　　价　78.00元

序言

生活创造了历史。

人类有历史的第一个前提是生命个体的存在，生命个体存在的前提是要有吃有喝。为了生存，人类必须首先学会生产满足自身吃、喝、住、穿的物质生活资料，在生产自身物质生活资料的过程中、在使用物质资料的生活里，人类创造了历史。茶史是人类历史的一个组成部分，历代茶事又是茶史的一个组成部分。茶事的发生源于生活，反映生活，随着品饮方式各不相同的六大茶类的相继出现，历代茶事也精彩纷呈。

中国是最早发现和利用茶树的国家。唐代陆羽在《茶经》里说："茶之为饮，发乎神农氏，闻于鲁周公。"陆羽很了不起，后世"琴棋书画诗酒茶"这个朋友圈得以凑齐是要感谢他的。在人类饮茶史上，正是陆羽通过《茶经》把粗放式的喝茶带向了艺术性的品饮，自此作为中国传统文化载体之一的茶文化正式形成。"茶之为物，擅瓯闽之秀气，钟山川之灵禀，祛襟涤滞，致清导和……中澹闲洁，韵高致静"，"缙绅之士，韦布之流，沐浴膏泽，熏陶德化，盛以雅尚相推，从事茗饮"，著名文艺青年宋徽宗赵佶在其茶学专著《大观茶论》中对茶做出了如此堂皇之论。

春溪瀹茗

"儒、释、道三高图"茶杯（耕而陶制）

茶文化不是茶自身的文化，茶是入口的农产品，它怎么会有文化呢。茶文化是人类物质文明与精神文明两者共同作用在茶上的产物，是作为传统文化符号之一的茶所承载着的人类知识与情感的总称。当这片小小的绿叶被发现居然可以承载如此之多的文化信息，可以进入那么丰富绚丽的精神世界，可以化解纷纷然然的世俗烦恼时，人类的才思立时就没了边界：它被赋之以礼，载之以道，可以是生命的修养，待人接物的真心，禅茶一味的烟火，更能成为老庄的山水情怀。它承载着儒释道三家的生命情感，安顿着尘世上一颗颗不安的心。历史上诸多的山、水、人、物、诗、书、画都有着与茶之种种际会因缘，那里面有生活，有故事，有情怀，有文化，更有境界。

《懂点茶事》是我多年来习茶路上一些随笔的集结，观而有感，随性而述，由六大茶类的源出演进串联起历代具有代表性的人与茶相关之事，亦讲述了当下生活中涉及的茶之琐事，力求从人文生活角度出发，阐述与茶之相关点滴。本书同我近年来已经出版的茶类书籍《懂点茶道》《懂点茶器》互为补鉴，能为朋友们额外提供一条对茶文化理解的脉络，从而令茶之本来面目愈加清晰、丰满。难免纰漏，亦望方家指正。

时光荏苒，美好未变。已经十岁的兜兜的笑声还是那么无邪，山中前辈的身子骨还是那么硬朗，茶斋桌面的舞文弄墨还是那么辛苦。这耗心费血的苦真不是一般的苦，苦过我翻山越岭野外访茶，苦过我通宵不眠熬夜制茶。欣喜的是完书置笔的那一刻它又予我内心以无比的惬意与舒适。

人间烟火，无涯茶海，“苦”这叶扁舟还是须臾不能离开的。

2024年孟春于耕而陶茶斋

清乾隆洋彩瓷画《泛舟煮茶图》（台北故宫博物院藏）

目录

神农尝草初识茶

《史记·三皇本纪（补史记）》记载："始教耕，故号神农氏。于是作蜡祭，以赭鞭鞭草木，尝百草，始有医药。"

举凡脍炙人口的传说都是与人们生活中所不可少之事物相关的，茶当然不会例外，几乎从人类的洪荒时代起，茶就在中国大地上出现了。

文字记录出现以前，每一个民族传达思想见闻的方式都是借由神话与传说。神农尝百草中毒，继而通过吃茶树叶片解毒从而发现了茶。虽然归为传说，但它的诞生确是发生在远古的真实生活背景之下，这一点是毋庸置疑的。陆羽《茶经·茶之事》说“茶之为饮，发乎神农氏，闻于周鲁公”，生活在唐代的陆羽，已经在他的那个时代听到了神农与茶的传说。传说五千多年前姜姓部落的首领由于懂得用火而得到王位，所以被尊称为炎帝。炎帝号神农氏，神农氏被尊为“医药之祖”。《史记·三皇本纪（补史记）》记载：“始教耕，故

福建武夷山中的老枞茶树

号神农氏。于是作蜡祭，以赭鞭鞭草木，尝百草，始有医药。”《淮南子·修务训》说：“神农……尝百草之滋味，水泉之甘苦，令民知所辟就。当此之时，一日而遇七十毒。”晋干宝《搜神记》开篇即讲：“神农以赭鞭鞭百草，尽知其平毒寒温之性，臭味所主。以播百谷，故天下号‘神农’也。”

上述诸文皆可于典籍中查到，唯独耳熟能详、茶界传述的出自汉代医书《神农本草经》的“神农尝百草，日遇七十二毒，得荼而解之”一语，查遍《神农本草经》的各类版本，均不见其踪迹。只有清人陈元龙编写的辑录古今文献中各种器物之内容、源流资料的类书《格致镜原》中有如下引录：“《本草》：神农尝百草，一日而遇七十毒，得荼以解之。今人服药不饮茶，恐解药也。”并且此处所录为“七十毒”而非“七十二毒”。《格致镜原》引文只注明出自《本草》，未注明其年代、作者，而此语又未见别书引录，故此《本草》为何，尚需有识之士考证。陈元龙（1652—1736）字广陵，号乾斋，浙江海宁人，康熙朝进士，官至工部尚书。笔者认为以陈元龙的身份阅历来讲，此句应是他所看到过的，不该是杜撰。我们现在于《神农本草经》中见不到此句，究其原因，很可能缘于该书在历代版本编辑时某次的遗漏或原书本无此语而为后人所造，但这并不妨碍人类与茶的第一次亲密接触，采集渔猎为主的社会环境下，这是确然会发生的事情。历史留下的谜团还是留给历史自行解决吧，也许某日出土的文物、文献会帮助我们把真相揭开。

在民间，神农尝百草的故事有诸多版本，大致意思如下，传说中的神农氏模样奇特，头顶长角，身披树叶，手持草药，生下来就是琉

舞蹈纹彩陶盆，约公元前 3200 年—公元前 2000 年（中国国家博物馆藏）

璃身体水晶心，自己能看见自己的五脏六腑。当他试尝植物时，遇到无毒的，就通体晶莹透亮；遇到有毒的，体内就显出乌黑的汁水来，毒性越大，乌黑的水就越多。由自己体内颜色变化，神农可以轻易地甄别各种植物属性。有一天，神农试尝植物时中了七十二种毒，眼瞅着五脏发黑，通体没劲，一下子坐在地上，痛苦难当。这时风儿吹过脸颊，他注意到身旁的一棵灌木上飘过一阵清香，定睛一看，一树碧绿的嫩叶生于其上。神农本能地随手扯下两片嫩叶放入口中咀嚼，嫩叶一到口中，一股沁人馨香直通五脏六腑，立时神清气爽起来。他又接连采了几片，放入口中，细嚼慢咽下去。你说奇不奇怪，一会儿工夫，所有的症状都一一消失了，并且让人感觉到通体轻快，神思清爽。神农氏一下子由地上站了起来，瞧着这棵树，抚着那些碧绿的叶子，激动地喃喃自语："好东西，好东西，我要马上去告诉我的族人。"茶，被发现了。为了纪念神农氏，过去的药铺里常挂着一幅面

辽代绘画《神农采药图》（山西应县木塔管护中心藏）

花香氤氲，茗之气质

容慈祥、腰围树叶、手执草药的人物画像，他就是“神农氏”。

植物学中，茶树是植物界种子植物门，被子植物亚门，双子叶植物纲，原始花被亚纲，山茶目，山茶科，山茶亚科，山茶族，山茶属，茶种。茶树是山茶属中比较原始的一个种，它已经有六千万至七千万年的历史了。茶树的繁衍主要有两种方式，种子生长与人工扦插。在我国，茶类扦插是清代出现的技术，种子生长则贯穿了茶树繁衍的整个历史。由种子生长而来的茶树是不能挪移的，换句话说是挪不活的。明代茶学大家许次纾在其专著《茶疏》里所讲的“茶不移本，植必子生。古人结婚，必以茶为礼，取其不移植子之意也”，即解读了民间“下茶”之礼。茶成为“俗”始自唐代，唐人封演《封氏闻见记》讲古人饮茶“但不如今人溺之甚，穷日尽夜，殆成风俗”。宋、元时期在“存天理，灭人欲”的宣扬下，时风要求女子“从一而终”，道学家们便将“茶不移本”这个概念指代了“从一而终”，至明代逐渐演变为订婚之礼。“下茶”是指男女订婚把茶当作聘礼的习俗，以茶作为一世相守的承诺，喝了我家的茶，就是我家的人，不能改变。《红楼梦》里有王熙凤用饮茶打趣林黛玉的情节，她说黛玉“吃了我家的茶，怎么还不给我家做媳妇儿？”即是此意。

明初翰林学士朱升，史称枫林先生，他写过一首《茗理》诗并序，全文质朴地道出了制茶原理。诗中说：“一抑重教又一扬，能从草质发花香。神奇共诧天工妙，易简无令物性伤。”序言：“茗之带草气者，茗之气质之性也。茗之带花香者，茗之天理之性也。治之者贵乎除其草气，发其花香，法在抑之扬之间而已。抑之则实，实则热，热则柔，柔则草气渐除。然恐花香因而大泄也，于是复扬之。迭抑迭扬，草气消融，花香氤氲，茗之气质变化，天理浑然之时也。”清人陈曾寿说茶：“咽服清虚三洗髓，神虑皎皎无由浑。”《神农食经》讲：“茶茗久服，令人有力、悦志。”在所有植物给人类带来的味道当中，茶的汤水不但温暖馨香，更可滋养性灵，茶，天生就有着让人欣欢的底蕴。

汉代茶叶市集卖

《僮约》清晰记载了茶在其时四川的使用情况，

茶在那时已经成为商品并有了专门的交易市场，史料价值极高。

四川蒙顶山茶区

我们生活里讲茶的起源指的是饮茶方式的起源，茶文化史料中，众多古代文献都将饮茶方式的起点指向了中国的荆巴地区，即湖北与四川东部的交界地区，有文字记载的中国最早的饮茶事件就出现在四川。明末清初思想家、经学家顾炎武在《日知录》中说："自秦人取蜀而后，始有茗饮之事。" 公元前 316 年，秦人败蜀军于葭萌关，古蜀国灭亡，不久巴国亦为秦军所灭。公元前 221 年，秦始皇统一中国，巴蜀地区的饮茶习俗方始得以向外传播。清代郝懿行在《证俗文》总结道："茗饮之法，始见于汉末，而已萌芽于前汉。司马相如《凡将篇》有荈诧，王褒《僮约》有武阳买茶。"

《凡将篇》为西汉司马相如所著，文中有对十几味中药的录入："乌喙，桔梗，芫华，款冬，贝母，木蘗，蒌，芩草，芍药，桂，漏芦，蜚廉，雚菌，荈诧，白敛，白芷，菖蒲，芒硝，莞椒，茱萸。"其中的荈诧就是茶。郝懿行所讲的《僮约》是汉代一篇于茶文化史、民俗史都非常重要的文献，它是四川资阳人王褒在公元前 59 年也就是西汉宣帝神爵三年时写就的一篇契约体文字，契约内容是有关仆人在主家中的待遇及其所应承担的各种活计的阐述。从民俗角度来讲，《僮约》让我们看到了两千多年前西汉百姓的生活面貌，它是研究汉代四川社会情况的重要史料。契约中所列出的奴仆劳作活动细节涵盖了社会经济的多个方面，侧写了其时工、农、商业的面貌及发达程度，《僮约》俨然就是一幅汉代地主庄园经济中奴仆们从事各种劳作细节的风俗画卷。从茶文化史角度来讲，《僮约》清晰记载了其时茶在四川的使用情况，茶在那时已经成为商品并有了专门的交易市场，史料价值极高。王褒，字子渊，西汉时期著名的辞赋家，与辞赋大家扬雄（字子云）并称“渊云”，汉宣帝时授谏议大夫。王褒以赋扬名海内，他的《圣主得贤臣颂》受到汉宣帝赞赏，《洞箫赋》为咏物小赋的代表，后世评价亦高。明代状元杨慎曾作《王子渊祠》一诗，对王褒的文采大加赞赏：“玮晔灵芝发秀翘，子渊摛藻谈天朝。汉皇不赏贤臣颂，只教宫人咏洞箫。”不同于史书之严正，《僮约》的写作风格为亦庄亦谐的戏谑文风，这种活生生的感性材料是历代史书中所不见的。六百余字的文章表面上看是主、仆之间的契约规定，实则是一幅幽默诙谐的生活画卷，在王褒的戏谑言语中，我们亦读到了非常重要的茶文化资料：

蜀郡王子渊以事到湔，止寡妇杨惠舍。惠有夫时奴名便了，子渊倩奴行沽酒，便了拽大杖上夫冢巅曰：“大夫买便了时，但要守家，不要为他人男子沽酒。”子渊大怒，曰：“奴宁欲卖耶？”惠曰：“奴大忤人，人无欲者。”子渊即决买券云云。奴复曰：“欲使，皆上券；不上券，便了不能为也。”子渊曰：“诺。”

王褒到成都办事，借住在寡妇杨惠家，于是主人吩咐家里一个长着一脸大胡子名叫便了的仆人去买酒待客。王褒是外人，便了怀疑他可能与杨氏有暧昧关系，很不情愿替他跑腿，就跑到已故男主人的墓前倾诉不满：“您当初买便了时，只要我看家，并没有让我为其他的男人去买酒。” 这可气坏了王褒，王褒便问杨惠，这家伙卖吗？杨惠说，卖。好，我买了，我得好好收拾收拾他。于是王褒买了便了，写就了一份买卖契约，这就是郑振铎先生所说的：“这篇东西恐怕是

宋刻本《僮约》（中国国家图书馆藏）

东汉庖厨画像砖（中国国家博物馆藏）

西汉青铜鍑（中国国家博物馆藏）

汉代留下的唯一的白话的游戏文章了。”

让我们来简要看看在这篇游戏文章中，一代辞赋大家、码字高手王褒是如何摆弄“髯奴便了”的：

神爵三年正月十五日，资中男子王子渊，从成都安志里女子杨惠买亡夫时户下髯奴便了，决贾万五千。奴当从百役使，不得有二言。晨起洒扫，食了洗涤……出入不得骑马载车……种姜养芋，长育豚驹。粪除堂庑，馁食马牛。鼓四起坐，夜半益刍……种瓜作瓠，别茄披葱……舍中有客，提壶行酤，汲水作餔。涤杯整案，园中拔蒜，斫苏切脯……脍鱼炰鳖，烹茶尽具，已而盖藏……奴但当饭豆饮水，不得嗜酒。欲饮美酒，唯得染唇渍口，不得倾盂覆斗。……牵犬贩鹅，武阳买茶。杨氏担荷，往来市聚……奴不听教，当笞一百。

结果如何呢？便了“读券文适讫，词穷咋索，仡仡扣头，两手自搏，目泪下落，鼻涕长一尺：‘审如王大夫言，不如早归黄土陌，蚯蚓钻额。早知当尔，为王大夫酤酒，真不敢作恶也。’”王褒动笔戏奴的时候，无论如何想不到自己这篇附着生活气息的小文会成为后代茶史至关重要的文献资料，否则“鼻涕长一尺”这样的搞笑词语估计今天的我们定不会见到，你看，经典的东西大都来自人间烟火。

《僮约》中的“脍鱼炰鳖，烹茶尽具”“牵犬贩鹅，武阳买茶”“杨氏担荷，往来市聚”是关于茶的极其重要的史料，它们是目前已知的最早明确描写饮茶之事与茶叶商品交易之事的文字记录。“烹茶尽具”可以从两个角度来理解，一个角度是说烹茶待客的时候需要洗干净所有的器皿，另一角度是说烹茶的时候要器具齐全。无论哪种解释，都能够说明一个问题，就是那时候的人们已经开始有意识地用器具来专门侍弄茶叶了。“武阳买茶”的意思是说王褒让大胡子便了赶到邻县的武阳就是现在四川眉山市彭山地区去买茶叶。“往来市聚”说明其时市场上存在着专门卖茶的商户，茶在当时的四川已经商品化了。王褒及寡妇杨惠的家中能拥有奴仆，这说明饮茶活动在西汉末年已经存在于一定的中产阶层家庭范围中了。在其后漫长的岁月里，茶的栽培、制作、饮用逐渐发展，茶的种类也将多姿多彩起来。

三国六朝茶礼萌

自《荈赋》、陆纳杖侄以来，茶文化之审美开始萌芽，

敬、素、俭等诸般茶文化所具有的精神内涵在人们的生活中逐渐生成。

三国时张揖《广雅》有："荆巴间采叶作饼，叶老者，饼成以米膏出之。欲煮茗饮，先炙令赤色，捣末置瓷器中，以汤浇覆之，用葱、姜、橘子芼之，其饮醒酒，令人不眠。"西晋孙楚的茶诗《出歌》有"姜桂茶荈出巴蜀，椒橘木兰出高山"之语。西晋张载的"芳茶冠六清，溢味播九区" 出自其于成都省亲时所作诗歌《登成都白菟楼》。西晋杜育《荈赋》讲："水则泯方之注，挹彼清流。"明确点出煎茶所用水取自四川岷江的清流。到了唐代，陆羽《茶经·六之饮》又述："滂时浸俗，盛于国朝，两都并荆渝间，以为比屋之饮。"这些文字均是对四川用茶历史悠久的最好说明。

三国时，茶饮已登上大雅之堂，脍炙人口的"以茶代酒"典故就出在三国时期吴国末帝孙皓的宴饮之上。《三国志·吴志·韦曜传》记录了一个孙皓赐茶代酒的故事，"皓每飨宴，无不竟日，坐席无能

三国魏陶耳杯（中国国家博物馆藏）

否，率以七升为限。虽不悉入口，皆浇灌取尽，曜饮酒不过二升，初见礼异，时常为裁减，或密赐茶荈以代酒。” 这就表明在三国时，茶饮已经在江东吴国的统治阶级中间流行。

北宋丁谓写有《茶》诗一首：“真上堪修贡，甘泉代饮醇。刘琨求愈疾，陆纳用延宾。顾渚传芳久， 湿湖擅价新。唐贤经谱内，未识建溪春。” 诗中顾渚即湖州顾渚紫笋茶，湿湖即岳州湿湖茶，二者在唐李肇写于长庆年间（821—824）的《唐国史补》已有记载：“风俗贵茶，茶之名品益众……湖州有顾渚之紫笋……湖南有衡山，岳州有湿湖之含膏。”该诗以顾渚茶、湿湖茶之盛名反衬建溪茶之珍贵，并述晋代刘琨索茶治病、陆纳用茶款待宾客之事。

“刘琨求愈疾”指的是陆羽《茶经》所记之事：“刘琨与兄子南兖州刺史演书，云：‘前得安州干姜一斤，桂一斤，黄芩一斤，皆所须也。吾体中溃闷，常仰真茶，汝可置之。’”提起刘琨，人们多有不识，但一说到“闻鸡起舞”，大家必会想到舞剑的祖逖，其实“闻鸡起舞”不是“独舞”而是“双人舞”，祖逖的舞伴就是刘琨。唐人李白《避地司空原言怀》说：“南风昔不竞，豪圣思经纶。刘琨与祖逖，起舞鸡鸣晨。” 刘琨（271—318）是西晋政治家、文学家、音乐家、军事家，西汉中山靖王刘胜之后、光禄大夫刘蕃之子。刘琨工诗赋，少有文名，与“古今第一美男”潘安、致“洛阳纸贵”的左思等人并称金谷二十四友。祖逖和刘琨均为名将，他们为风雨飘摇的司马家族立过赫赫战功。永嘉之乱后，刘琨抵御前赵、后赵，曾据守晋阳九年，祖逖统兵，令石勒不敢南侵。刘琨的侄子是南兖州刺史刘演，当时戍边御敌的刘琨眼见晋室内讧，天下大乱，内心颇为烦闷，时常以茶解忧，即如明人朱权在其《茶谱》所讲，喝茶可“为君以泻清臆”，“非此不足以破孤闷”。在给侄子的信中刘琨说：“我收到你寄来的安州干姜一斤、桂一斤、黄芩一斤，这些都是我所需要的。但当我感到体内气息憋闷、心情烦乱时，就需要喝一些真正的好茶来排解，因此，你可以给我买一些好茶寄来。”

刘琨有一个大铁粉，这个人是东晋的权臣桓温。桓温（312—373），晋明帝司马绍的女婿，东晋权臣，拜征西大将军，册封南郡公。桓温极其仰慕雄才大略、文武兼备的刘琨，常以刘琨为自己的行为榜样，连刘琨对茶这个嗜好也一并承纳了过去。《晋书》说：“（桓温）遥领扬州牧。……性俭，每宴饮，唯下七奠柈茶果而已。”桓温做扬州牧的时候，秉性节俭，每逢宴会只用七盘茶果待客。桓温仰慕刘琨，希望自己是刘琨再世。《晋书·列传六十八》记，有一次桓温北伐归，带回来一个老婢女。这老婢曾是刘琨的家

晋青釉茶果隔盘（中国国家博物馆藏）

佣。老婢一见桓温，便哭了，说："大人很像刘琨。"桓温大喜，连忙整冠，问哪里像。老婢答道："面甚似，恨薄；眼甚似，恨小；须甚似，恨赤；形甚似，恨短；声甚似，恨雌。"桓温听了很是泄气，这就是"桓温自恋"典故的由来。

"陆纳用延宾"即史上陆纳杖侄之典故。《晋书·列传第四十七》记："谢安尝欲诣纳，而纳殊无供办。其兄子俶不敢问之，乃密为之具。安既至，纳所设唯茶果而已。俶遂陈盛馔，珍羞毕具。客罢，纳大怒曰：'汝不能光益父叔，乃复秽我素业邪！'于是杖之四十。"陆纳（约326—395），字祖言。吴郡吴县（今苏州）人，官至吏部尚书。陆纳是历史上少有的廉洁官员，以俭德著称。《晋书·列传四十七》说他："纳字祖言。少有清操，贞厉绝俗……出为吴兴太守……纳至郡，不受俸禄。顷之，征拜左民尚书，领州大中正。将应召，外白宜装几船，纳曰：'私奴装粮食来，无所复须也。'临发，止有被襆而已。其余并封以还官。"陆纳在做吴兴太守的时候，清廉得不得了，他不要国家的工资，只知埋头干活。被召回朝堂的时候，手下人问他路上需要几条船，他说我没什么行李，一条船足够。等到船要开了，陆纳又发现船上有不少东西，他就只选了被子和身上的衣服，其余的都还给了官家。文中的谢安（320—385）官拜卫将军，也是个了不起的人物，公元383年史上闻名的淝水之战中正是他以八万晋兵大胜号称百万之众的前秦军队。

有一天，谢安要来拜访陆纳，陆纳的侄子陆俶看到叔父招待这样的贵客没预备珍馐美味，而仅是备了些茶果，很担心失了待客之礼，就自作主张，私下命人准备了丰盛的菜肴以备谢安来时飨宴。谢安至，陆纳设茶果，陆俶连忙命人盛陈珍馐。谢安走后，陆纳大怒，气冲冲打了陆俶四十杖，边打边叱责："汝不能光益父叔，乃复秽吾素业？"你已经不能增光添彩于我，为何还要毁掉我的素业呢？在陆纳看来，用茶果奉客是朴素高洁的生活方式，体现着自己的内在修养，是他的"素业"，而陆俶不能以自己为榜样已经令人遗憾，此际还要用珍馐美味来玷污它，能不令人气愤吗！后人誉陆纳"恪勤贞固，始终勿渝"，对其推崇有加。在此，我们尤其要注意到这个"素"字。"素"即本来的，质朴的，不加修饰的。"素业"代指清白的操守。《三国志·魏志二十七·徐胡二王传》有："徐邈清尚弘通，胡质素业贞粹……可谓国之良臣，时之彦士矣。"陆纳以茶果待客，昭显了自己清白的操守、做人的原则。以茶为敬，是人与茶相通相契的因缘。三百多年后陆羽在《茶经》里说："茶之为用，味至寒。为饮最宜精行俭德之人。"在陆羽看来，"俭"正是茶事中的核心思想内涵，而陆纳的行事德操正与之契合。北宋史学家司马光更是在《训俭示康》中将素与俭直接定义为"美"，他说："众人皆以奢靡为荣，吾心独以俭素为美。"

晋捧壶侍俑（湖南省博物馆藏）

《艺文类聚·荈赋》明嘉靖刻本（国家图书馆藏）

茶园中的秋茶

西晋末年，《荈赋》诞生了。《荈赋》是中国最早的专门描述茶事的诗赋作品，为杜育所作。杜育，西晋大臣、茶学家，曾拜汝南太守。杜育与前文提到的刘琨同为“金谷二十四友”之一，《晋书·刘琨传》中记：“刘乔攻范阳王虓于许昌也，琨与汝南太守杜育等率兵救之。”《荈赋》以审美视角描述了茶事活动，文采生动，清新雅致，全文如下：

灵山惟岳，奇产所钟，厥生荈草，弥谷被岗。承丰壤之滋润，受甘霖之霄降。月惟初秋，农功少休。结偶同旅，是采是求。水则岷方之注，挹彼清流；器择陶简，出自东隅；酌之以匏，取式公刘。惟兹初成，沫沉华浮，焕如积雪，晔若春敷。

茶史上，正是《荈赋》第一次系统地描述了茶叶的生长环境、秋茶的采摘情况、煎茶时水与茶器的选择、品茗鉴赏的全部过程。其中对于茶器，杜育明确指出舀茶汤的工具是《诗经·大雅·公刘》里的“酌之用匏”，即用大自然里的葫芦做成的匏；喝茶的器具是出自越州窑的陶碗。煎茶的外貌是“沫沉华浮，焕如积雪，晔若春敷”。

《茶经》记载，晋人郭璞在《尔雅》注中对其时人们所用之茶叶做过注解，他说茶：“树小似栀子，冬生叶，可煮羹饮，今呼早取为茶，晚取为茗。”郭璞说，茶树当年冬天长出的叶片在次年早春采摘，这就是茶；当年早春生长出的叶片在当年早春采摘，这就是茗。《荈赋》中记录“月惟初秋”时所采的茶是秋茶，秋茶的叶片是比较成熟的，这与上文三国时张揖《广雅》所记三国时“荆巴间采叶作饼，叶老者，饼成以米膏出之”中“叶老者”的意思相近，究其原因，同样投茶量下，粗老叶片煮得的茶汤其苦涩程度会低于初春茶煮得的茶汤。二者不同的是《广雅》所记是“欲煮茗饮，先炙令赤色，捣末置瓷器中，以汤浇覆之，用葱、姜、橘子芼之”的多物混煮，而《荈赋》已经进入到纯粹煎饮茶汤。无论混煮还是纯粹煎饮，可以看到，他们所用茶为冬生春采还有春生秋采茶，其时晋人对当年生长的春茶春采是不太感兴趣的。

《荈赋》的重要价值在于其不但总结记录了彼时的茶事、茶器，而且为唐代陆羽在其后撰写中国乃至世界第一部茶学专著《茶经》奠定了思维基础。宋代苏轼在《寄周安孺茶》诗中曾写道：“赋咏谁最先，厥传惟杜育。唐人未知好，论著始于陆。”《荈赋》以前，国人对饮茶的审美尚未出现，《荈赋》让茶之“沫沉华浮，焕如积雪，晔若春敷”的审美始萌，在中国茶文化发展史上绘下了浓重的一笔。同时期的张载在《登成都白菟楼》中描述了煎茶的滋味，白菟楼又称“张仪楼”，为秦时张仪所建。张载诗词描写了白菟楼的雄伟气势跟当时成都商业的繁荣、物品的丰富，特别赞美了四川的香茶，诗中写道：“重城结曲阿，飞宇起层楼……西瞻岷山岭，嵯峨似荆巫……鼎食随时进，百和妙且殊。披林采秋橘，临江钓春鱼……芳茶冠六清，溢味播九区。”六清即指《周礼》的“六饮”，是供周天子食用的六种饮料，有水、浆、醴、凉、醫、酏。在张载笔下，茶汤的滋味能够“芳茶冠六清”，那一定是煎茶，而不可能是滋味混杂的羹饮或茗粥。

两晋时的民间，已经有茶制品在市场上贩卖。西晋时，司隶校尉傅咸在教示里说："闻南市有蜀妪作茶粥卖，为廉事打破其器具，后又卖饼于市，而禁茶粥以蜀姥，何哉！"傅咸说："听说南市有个四川老妇人做茶粥在街头卖，巡视的官吏把她盛放茶粥的器具打破了，后来老妇人又到市场上去卖茶饼，为什么要为难这个老妇人禁止她卖茶粥呢！"东晋元帝时也有一个卖茶老妇的故事为《广陵耆老传》所记载："有老姥每旦独提一器茗，往市鬻之，市人竞买，自旦至夕，其器不减。所得钱散路旁孤贫乞人，人或异之。州法曹絷之狱中，至夜，老姥执所鬻茗器，从狱牖中飞出。"一个是市坊实事，一个是民间的神话传说，但通过这两个例子可以看出，两晋时自河北至江苏的民间已经有茶粥在市场上贩卖。

晋代，还有一个令饮茶之事变成了"水灾"的典故。《太平御览》

西晋青釉托盏（中国国家博物馆藏）

载《世说新语》曰“晋司徒长史王濛好饮茶，人至辄命饮之，士大夫皆患之，每欲往候必云‘今日有水厄’”。王濛（309—347），东晋名士，性格豪爽，风雅潇洒。张彦远《历代名画记》称他：“放诞不羁，书比庾翼，丹青甚妙，颇希高达，常往驴肆家画辐车，自云：‘我嗜酒，好肉，善画，但人有饮食美酒精绢，我何不往也。’特善清言，为时所重。”王濛相较陆纳，对待茶完全是两种不同的态度。陆纳把茶作为生活中的修行，而于王濛来讲，饮茶则是上了瘾的嗜好，并且以豪饮为待客之礼，以致受邀到王濛府上做客的宾朋想不饮茶都不行。面对好客的主人，众人不忍扫了王濛的兴，只能硬着头皮强喝。以后王濛再邀，大家都说，恐怕今天又要闹“水灾”了。此后人们即以“水厄”作为讽喻茶事的代名词，并且这个“水灾”一直发到了南北朝，

北魏青铜鍑（中国国家博物馆藏）

还据此闹出了笑话。

南北朝时，有一些喜欢饮茶的南朝贵族投靠了北方，亦把饮茶习俗带了过去。北人看不惯南人品茶，就用“水厄”来作为讥讽。北魏杨衒之的《洛阳伽蓝记》里边有个故事，“肃初入国，不食羊肉及酪浆等物，常饭鲫鱼羹，渴饮茗汁，京师士子道肃一饮一斗，号为漏卮……时给事中刘缟，慕肃之风，专习茗饮。彭城王谓缟曰：‘卿不慕王侯八珍，好苍头水厄，海上有逐臭之夫，里中有学颦之妇，以卿言之，即是也。’”北魏太和十八年（494），因父、兄弟被南齐武帝所杀，王肃从建业来投北魏。到了北魏后，王肃和大家饮食习惯不同，不吃羊肉，不喝酪浆，平时就吃鲫鱼羹，渴了就喝茶。京师的士人说王肃一次能饮一斗茶，所

五代后蜀丘文播《文会图》描摹的北齐文人校书（台北故宫博物院藏）

《文会图》局部

以赠给了他一个漏卮的外号。给事中刘缟很喜欢王的做派，学起了王肃，开始喝茶了。喝茶在那时候还是很小众的事，彭城王就挤对他："你不羡慕王侯用的八珍，却爱好苍头的水厄。海上有追逐臭味的人，里内有效仿西施皱眉之妇，就是指您这样的人。"

数年以后，王肃与北魏孝文帝殿会，王肃吃了很多羊肉酪粥。孝文帝很奇怪，就问王肃："卿中国之味也，羊肉何如鱼羹？茗饮何如酪浆？"肃对曰："羊者是陆产之最，鱼者乃水族之长。所好不同，并各称珍。以味言之，甚有优劣。羊比齐鲁大邦，鱼比邾莒小国。唯茗不中，与酪作奴。"王肃的意思是羊、鱼属于不同种类的动物，味道各有所长，如果拿茗饮同酪浆相比，茗饮是比不过酪浆的，只能给酪做奴。细品王肃之语，作为降臣，讲出此话实是带着些许的无奈。

有关“水厄”的笑话是这么搞出来的。《洛阳伽蓝记》又记：“后萧衍子西丰侯萧正德归降，时元乂欲为之设茗，先问：‘卿于水厄多少？’正德不晓乂意，答曰：‘下官生于水乡，而立身以来，未遭阳侯之难。’元乂与举坐之客皆笑焉。”后来，南梁西丰侯萧正德归降北魏，北魏宗室元乂设宴款待，席前特地准备了茶。上茶前元问萧正德：“卿于水厄多少？”意思是说你能饮多少茶水？萧正德是贵宾，此问元乂没有开萧正德玩笑的意思，有了王肃的前车之鉴，北人认为南人饮茶与北人饮酒都应该是有量的，故元乂发此一问。搞笑的是萧正德，他不知道“水厄”在北方代指茶饮之量，以为是“闹水灾”的意思，于是他回答说：“下官虽生在水乡，而立身以来，没有遭受过水灾。”“阳侯之难”就是闹水灾的意思。《淮南子·览冥训》记：“武王伐纣，渡于孟津，阳侯之波，逆流而击。”注：“阳侯，陵阳国侯也。其国近水，溺死于水，其神能为大波，有所伤害，因谓之阳侯之波。”阳侯是水神名，后谓水神所兴的灾祸为“阳侯之患”。萧正德这一句话，搞得举座皆笑。至北齐，茶事有新发展，《续茶经》记：“伯思尝见北齐杨子华作《邢才子、魏收勘书图》，已有煎茶者。”此处指出北齐已经出现了明确的煎茶之法。杨子华是北齐著名画家，官直阁将军，时称画圣，《邢才子、魏收勘书图》是其作品之一。五代后蜀丘文播《文会图》与北齐杨子华《勘书图》所画均是北齐文宣帝天保七年（556）樊逊与诸州郡十一位秀才、孝廉校定群书，借邢子才、魏收诸家收藏共同勘定御府藏书之事。

由晋入宋的刘敬叔在《异苑》里记载了一个与茶有关的神话故

南朝青瓷五盅盘（中国国家博物馆藏）

事："剡县陈务妻少与二子寡居，好饮茶茗。宅中先有古冢，每日作茗饮先辄祀之。二子患之，曰：'古冢何知？徒以劳祀。'欲掘去之。母苦禁而止。其夜母梦一人曰；'吾止此冢二百余年，谬蒙惠泽。卿二子恒欲见毁，赖相保护，又享吾佳茗，虽泉壤朽骨，岂忘翳桑之报。'遂觉。明日晨兴，乃于庭内获钱十万，似久埋者，而贯皆新。提还告其儿，儿并有惭色。从是祷酹愈至。"故事中的陈务妻嗜好饮茶，每天饮茶前都要先将茶饮作为供品祭祀亡灵而得到了好报。南齐世祖武皇帝萧颐在他的遗诏里说："我灵座上，慎勿以牲为祭，但设饼果、茶饮、干饭、酒脯而已。天下贵贱，咸同此制。"自周代起的茶祭之礼延续到了南北朝，茶成为天下公认的祭祀用品。茶可益生，亦可侍死，它就这样进入了中华民族之不可或缺的生活礼仪。唐大历十才子之一的韩翃在《为田神玉谢茶表》中说："吴主礼贤，方闻置茗；晋臣爱客，才有分茶。"魏晋以前，茶基本上是药、食属性的自然物，与文化尚未沾边，自《荈赋》、陆纳杖侄以来，茶文化之审美开始萌芽，敬、素、俭等诸般茶文化所具有的精神内涵在人们的生活中逐渐生成，直至唐人陆羽《茶经》时形成总结。

萧翼巧赚兰亭图

《萧翼赚兰亭图》在呈现萧翼智取《兰亭序》这一精彩斗智故事的同时，
也为后人留下了生动的煎茶场景。

隋初，隋文帝杨坚跟茶发生了一次奇妙的邂逅。杨坚患有脑病，时常头痛，久治不愈。后来他遇到了一个僧人，僧人对他说："山中有茗草，煮而饮之当愈。" 杨坚命人照做，自饮茗汁，竟如僧人所讲，真的治好了脑病。杨坚大喜，视茶为神物，自此开始把茶当作日常不可或缺之物。这次邂逅令茶在皇帝的身体力行下得到了很好的宣传，极大带动了茶饮的推广与普及。《隋书》中说："由是竞采，天下始知茶。"

公元 780 年，陆羽《茶经》问世，煎茶道大兴，茶叶市场亦日渐繁荣。宋代陈师道在《茶经序》中说："夫茶之著书自羽始，其用于世亦自羽始，羽诚有功于茶者也。上自宫省，下迨邑里，外及戎夷

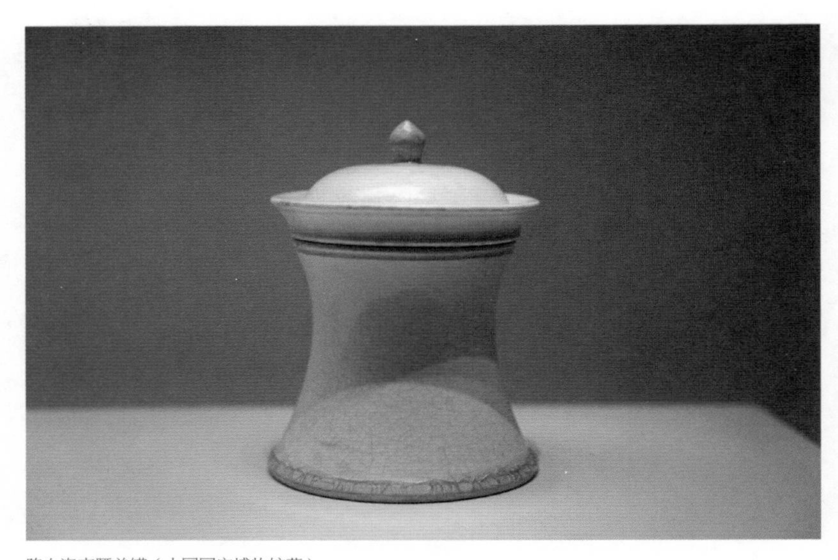

隋白瓷束腰盖罐（中国国家博物馆藏）

蛮狄，宾祀燕享，预陈于前，山泽以成市，商贾以起家，又有功于人者也，可谓智矣。”陆羽写出《茶经》后，从皇家到平民，一直延续到周边的少数民族都喝起了茶，宴请祭祀也离不开茶，把原来山野上生长的茶树叶片变成了商品市场的货物，很多人由此发家致富，陈师道认为陆羽的茶书是立有大功的。

唐代李肇《唐国史补》记：“巩县陶者多为瓷偶人，号陆鸿渐，买数十茶器得一鸿渐，市人沽茗不利，辄灌注之。”从事茶叶贸易的商家遇到生意不景气时，需以茶汤浇瓷偶的方式来求得陆羽保佑，这是一件多么好玩的事，它也反映出陆羽在茶人心目中具有不可替代的地位。陆羽字鸿渐，湖北竟陵县人，小时候被自己的父母遗弃，成

五代白瓷陆羽像（中国国家博物馆藏）

了孤儿，他是由竟陵禅师智积在寺院中抚养长大的。陆羽一直烹茶奉师，后来陆羽离寺，禅师智积再喝不到适口的香茶了，直到他与陆羽重逢于皇宫。董逌《陆羽点茶图》跋云："竟陵大师积公嗜茶久，非渐儿煎奉不向口，羽出游江湖四五载，师绝于茶味。代宗召师入内供奉，命宫人善茶者烹以饷，师一啜而罢。帝疑其诈，令人私访得羽，召入。翌日，赐师斋，密令羽煎茗遗之。师捧瓯，喜动颜色，且赏且啜，一举而尽。上使问之，师曰：'此茶有似渐儿所为者。'帝由是叹师知茶，出羽见之。" 想见，师徒重逢必是悲喜交集一番。"异日他处闻禅师去世，哭之甚哀，乃作诗寄情，其略曰：'不羡白玉盏，不羡黄金罍。亦不羡朝入省，亦不羡暮入台。千羡万羡西江水，曾向竟陵城下来。'"及至陆羽故去，他的弟子亦吟此诗怀念陆羽，唐人赵璘《因话录》说："余幼年尚记识一复州老僧，是陆僧弟子，常讽其歌云：'不羡黄金罍，不羡白玉杯。不羡朝入省，不羡暮入台。千羡万羡西江水，曾向竟陵城下来。'又有追感陆僧诗至多。"这里所称"陆僧"是源于陆羽小时长于竟陵龙盖寺之故。

陆羽记唐人饮茶，"饮有粗茶、散茶、末茶、饼茶者，乃斫，乃熬，乃炀，乃舂，贮于瓶缶之中，以汤沃焉，谓之痷茶"，有"或用葱、姜、枣、橘皮、茱萸、薄荷之等，煮之百沸"的煮茶，其后陆羽将"葱、姜、枣、橘皮、茱萸、薄荷之等"全部去除，而只添盐一味，形成了兴盛于唐代的煎茶。煎茶的流程是：烤茶—碾茶—用火—择水—煮茶—酌茶。首先要把茶烤好，然后需趁热用纸袋把它装起来，这样香气不容易散失。等到茶饼冷却以后再把它碾成颗粒如细米大小的茶末。接着选取木炭起火，在鍑中煮水。煮水是很有讲究的，

传为唐代阎立本所作《萧翼赚兰亭图》（台北故宫博物院藏）

当水微微有声，鍑中水面开始出现鱼眼一样的气泡的时候，这个叫第一沸。当鍑边缘的水像泉涌连珠的时候称作第二沸。当水面出现波涛汹涌般的沸腾时，就是第三沸了。这时就不能再继续煮了，否则水就过老，不适合饮茶了。为什么不适合饮茶了，因为若继续，会使得茶的内含物质浸出加大，以致茶汤的浓度提高，苦涩难咽。在初沸的时候，依照水的多少，按比例放入适量的咸盐调味，并取出一些水来试一下味道。在第二沸的时候，要舀出一瓢水备用，然后拿竹夹在沸水中绕圈搅动形成漩涡，接着用“则”量好茶末，从中间的漩涡中把茶末倒进去。观察水面，当看到水面滚动如波涛狂奔、泡沫飞溅的时候，立即把刚才舀出备用的水倒进去止沸，让茶汤孕育成华，之后可酌分碗内品饮。

台北故宫博物院藏有一幅绘有以铫煎茶场景的绘画作品，据传为唐代大画家阎立本所绘制的《萧翼赚兰亭图》。《萧翼赚兰亭图》在呈现萧翼智取《兰亭序》这一精彩斗智故事的同时，也为后人留下了生动的煎茶场景。

《兰亭序》是中国东晋书法家王羲之的书法作品，有“天下第一行书”的美誉。《萧翼赚兰亭图》描绘的正是监察御史萧翼巧取辩才和尚手中的王羲之书法真迹《兰亭序》这一事件。唐太宗李世民非常钟爱王羲之的书法作品《兰亭序》，一直以没能得到其真迹而感到遗憾。后来得知《兰亭序》在永欣寺僧人辩才手中，于是李世民就请辩才转让。辩才手中的《兰亭序》承于自己的恩师智永，智永为王羲之第七代孙，辩才视恩师遗物如自己性命，当然不肯交出。辩才和尚装糊涂，推说不知真迹下落。一问三不知，神仙也没辙。李世民无奈，改强攻为智取，于是监察御史萧翼出马了。萧翼扮作书生与辩才交往，住在辩才寺中，逐渐取得了辩才和尚的信任而成为好友。某日，当着辩才的面，萧翼于行囊中拿出王羲之几幅真迹请辩才一起欣赏，以酬知音。辩才很实在，他觉得不让这位好友看看自己珍藏多年的《兰亭序》有点说不过去，于是他就拿出了《兰亭序》真迹让萧翼过目。萧翼自是惊喜，连声道谢，两人一直切磋书法到深夜方入睡。一觉醒来，书生消失，宝贝也不翼而飞。辩才马上出门，带人追上盗宝的萧翼索要《兰亭序》。萧翼伸手入怀，掏出早已备好的圣旨大声喊道："辩才接旨！"辩才和尚此刻一下子明白过来，"我，被套路了"，此时不献宝，欺君之罪大矣，只能眼睁睁看着萧翼将《兰亭序》带走。

《萧翼赚兰亭图》右侧画面展现的是辩才坐在禅椅上，书生打扮的萧翼坐在辩才的对面，二人旁边还端坐一僧，可能是客人或者本寺僧人，三人寒暄既毕，正待茶饮。画面左侧，一个满脸胡须的老仆人左手握着置于风炉上的茶铫的手柄，右手持竹夹煎茶，炉火正红，茶香正浓。旁边一小童子，俯身，双手捧着黑色茶托，其上置有白色瓷碗一只，正小心翼翼地准备分茶。画面人物逼真，表情生动，动作丝丝入扣。传为阎立本所绘的这幅画，经学者考证为五代至宋时期的画作，理由是黑漆茶托及白釉茶碗是其时的典型器型。

笔者亦认为此画非阎立本而为后人所绘，此由茶托在历史上的出现时间可证。有关茶托的文字记载笔者看到的最早的文献资料出现在唐代。李匡义撰写的考据辨证类笔记《资暇集》中说："始建中，蜀相崔宁之女，以茶杯无衬，病其熨指，取碟子承之，既啜而杯倾，乃以蜡环碟子之央，其杯遂定。即命匠以漆环代蜡，进于蜀相。蜀相奇之，为制名而话于宾亲。人人为便，用于代是。后传者更环其底，愈新其制，以至百状焉。”南宋程大昌亦在《演繁露》转述此事：“托盏始于唐，前世无所有也。崔宁女饮茶，病盏热熨指，取碟子融蜡像盏足大小而环结其中，置盏于蜡，无所倾侧，因命工髹漆为之。宁喜其为，名之曰托，遂行于世。”

唐建中年间（780—783）蜀相崔宁的女儿喝茶时常常被滚烫的茶水烫着手指，小姑娘很聪明，想了个办法，她把茶杯放在小碟子上做参照，让仆人把蜡烧热了，沿着茶杯底足滴蜡于碟中，冷凝后形成一个圈状，再把杯子放进圈里，杯子就倒不了了。可是用蜡做的毕竟不结实，又嘱咐工匠做了一个有环状承口的木质漆托，于是茶托问世

唐葵瓣边青瓷盏托（湖南省博物馆藏）

了。其后姑娘把这个事告诉了父亲崔宁，崔宁一看很惊喜，因为是托举着茶杯饮茶，他就给这东西起了一个名字叫作“托”，并且与喜茶的亲朋好友分享，大家都认为这个小配件实用、方便，茶托很快就流行于世了。

陆羽的《茶经》成书于公元 780 年，《茶经》中对茶托的记载见不到一个字，这个现象很奇怪。一条小小的“巾”、一根小小的“夹”，陆羽都不吝文字做了详细表述，所以他不可能对这么重要的一个茶器“托”不做任何记录。合理的解释是，陆羽《茶经》没有记载茶托很可能是与当时饮茶器茶瓯的体积大有关，给“受半升已下”的茶瓯再加个托，那喝起茶来就太沉了，太不方便，故《茶经》面世时还未有茶托。另外，众所周知李世民是唐朝第二位皇帝，他生于 599 年，卒于 649 年，阎立本（601—673）亦活动于太宗世。这个时间段距离唐建中年间（780—783）茶托问世有点远了。今人沈从文先生在其《中国古代服饰研究》一书中对唐代幞头形制的变迁考证时也指出：“虽传有阎立本绘《萧翼赚兰亭图》，但据此图中萧翼和一烧茶火头幞头及茶具盏托形象联系看来，时代显然比较晚……都是宋、五代以来在戏剧人物头上的产物。”综上，此图断为唐代阎立本所绘有误。

文化总是由高处流向低地，大唐的茶饮文化亦渐渐传播至边疆地区及国外。唐太宗李世民令文成公主入藏和亲于松赞干布，唐贞观十五年（641）文成公主进藏，极大可能是茶作为陪嫁之物而随之入藏，此点笔者惜未找到确切的史料记载。但是唐人李肇写的《唐国史补》中记载了茶叶在藏区的情况。公元 781 年，唐使节常鲁出使吐蕃，于帐中烹茶时，吐蕃赞普向其展示了自己收藏的茶叶，于是发生了一段有趣的对话："常鲁公使西蕃，烹茶帐中，赞普问曰：'此为何物'？鲁公曰：'涤烦疗渴，所谓茶也。'赞普曰：'我此亦有。'遂命出之，以指曰：'此寿州者，此舒州者，此顾渚者，此蕲门者，此昌明者，此㴩湖者。'"想见其时西藏上层阶级已经对产于中土的茶叶很熟悉了。与对吐蕃一样，唐朝也曾下嫁公主和亲回纥，且回纥以茶易马。《新唐书·陆羽传》记载："其后尚茶成风，时回纥入朝，始驱马市茶。"

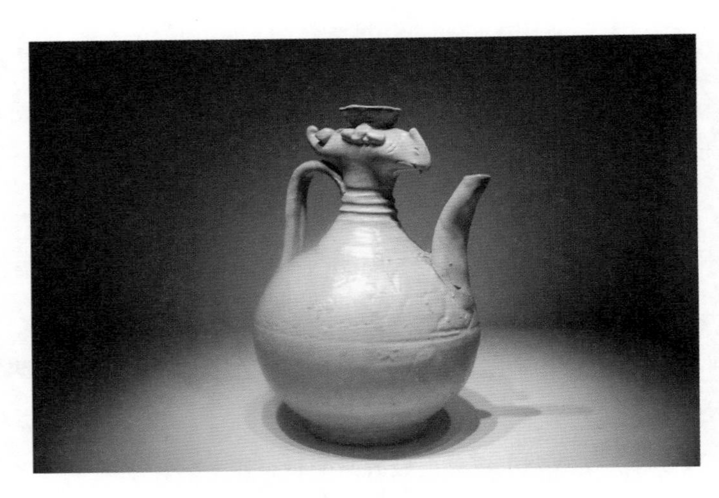

唐青瓷凤首壶（中国国家博物馆藏）

佛道二教助茶兴

此时咖啡碱、茶氨酸这些茶中重要的内含物质溶解于水所带来的提神醒脑、增益思维、解渴驱睡的功效大大缓解了僧人们的窘境。

令人悦志的茶进入了道家的视线

在唐代陆羽《茶经》问世前，茶在社会生活中的使用情况与僧、道们对其的重视、践行有着莫大关系。学界一般认为道教的正式诞生是在汉末。东汉末年，“张天师”张道陵创立了“五斗米道”，被认为是中国道教的初创。饮茶活动的早期，除了茶叶产区的当地人外，最早与茶接触的就是中国的道士了。在中国古代道人的浪漫情思里，他们始终相信天地间定存在着一些神秘物质，借助这些物质，可以实现由人到仙的转变。于是提神醒脑、清醒少睡、令人悦志的茶进入了道家的视线。茶为道士们所欣赏与接受，他们视茶为一种仙药，可作为其得道升天的助力。这些观点自然而然进入了道家的文字篇章。西晋惠帝时道士王浮在《神异记》里说：“余姚人虞洪，入山采茗，遇一道士，牵三青牛，引洪至瀑布山，曰：‘予丹丘子也。闻子善具饮，常思见惠。山中有大茗，可以相给，祈子他日有瓯牺之余，乞相遗也。’因立奠祀，后常令家人入山，获大茗焉。”南朝齐、梁时的道家陶弘景在《杂录》中记述汉代道人丹丘子、黄山君饮茶得道成仙的事时说：“苦荼轻换膏，昔丹丘子、黄山君服之。”丹丘是浙江天台山的支脉，天台山自古产茶。黄山也是著名的茶叶产区。丹丘子即是上文指点余姚人虞洪于山中“获大茗”之人，丹丘子、黄山君均是汉代所谓的“仙人”。后来明代还有认为茶能助人成仙的言论，明代罗廪于所著《茶解》中说：“茶通仙灵，久服能令升举。”

东汉明帝（28—75）夜梦金人，遂有白马驮经，至此，作为哲学思想及方法论的佛教传入中土。至南北朝时，魏晋以来的清谈、玄学遇到了外来的佛教，中外思想在华夏大地上相会，交织共舞。彼时佛教大兴，日趋本土化，脍炙人口的诗文“南朝四百八十寺，多少楼台烟雨中”即是这一趋势的最好说明。佛教来源于对世事有某种看法，它的教义对人生问题有某种解决办法，所以佛教在一些语境下被称作“药”。一般来讲佛教有十三宗，禅宗是其中的一支，禅宗也称佛心宗。相传释迦牟尼在灵山法会上拈花示众，惟迦叶尊者与师心灵相通而微笑，于是释迦牟尼就将“正法眼藏，涅槃妙心，实相无相，微妙法门，不立文字，教外别传，付嘱摩诃迦叶”。达摩在梁武帝的时候自印度来到中国，即为中土禅宗初祖。其后二祖慧可，三祖僧璨，四祖道信，五祖弘忍。弘忍后禅宗分为南北两宗，禅法南顿北渐，南宗以慧能为六祖，北宗以神秀为六祖，唐代禅宗一枝独秀。禅宗认为众生平等，人皆有佛性，通过修行人人皆可成佛；轻视别人，会有无边无量的罪。禅宗讲究十六个字：“不立文字，教外别传。直

茶山中绽放的鲜花

指人心，见性成佛。”佛是觉悟了的人，众生是未觉悟的佛。

六祖慧能很了不起，他的弟子记其所说，编撰了一部也是唯一一部中国本土人士所说的佛经《坛经》。慧能的《坛经》使得普通百姓也可以直接参与到参禅悟道中来，继而提高心境。禅宗被后世学者誉为“最高智慧中的智慧”。牟宗三先生说：“以禅宗的方式来修行是奇特而又奇特，真是开人间的耳目，此只有中国人才能发展出来，这不只是中国人的智慧而且是人类最高的智慧，故大唐盛世并非偶然，中华民族发展到唐朝实在是了不起。”

禅是什么呢？禅是梵语“禅那”的译音，有“思惟修”“静虑”之意。它是佛教的一种修持方法，安安静静地坐定思考。随着佛教的日益本土化，禅的含义发生了巨大的改变，它不再只是一种修持的方法，更是代表了“涅槃之妙心”的境界。胡兰成说：“中国自隋唐至明，千余年间，思想的活泼在禅。禅的思想是一个‘机’字，盖承自《易经》卦爻之动与《庄子》之齐物论，非印度佛教所有。”

彼时寺庙中的僧人们于禅坐修行时难免会困倦懈怠，若再遇到光线的昏暗、难耐的酷暑严寒，更会身心俱疲。此时咖啡碱、茶氨酸这些茶中重要的内含物质溶解于水所带来的提神醒脑、增益思维、解渴驱睡的功效大大缓解了僧人们的窘境。唐人李咸用《谢僧寄茶》就讲：“空门少年初志坚，摘芳为药除睡眠。”于是“涤昏寐”“益意思”的茶很自然地赢得了寺院僧众的喜爱与种植，由此茶进入了僧人的修行生活。如果说本土道教于茶的研究、利用方面开辟了先行之旅，那么本土化了的佛教对茶的兴起则起到了至关重要的推广作用，文人士大夫与僧侣们的交往又对茶的普及推波助澜。

我们来看看作为饮品的茶在此情形下是如何一路前行的。

唐人封演《封氏闻见记》云："开元中，泰山灵岩寺有降魔师大兴禅教，学禅务于不寐，又不夕食，皆许其饮茶。人自怀挟，到处煮饮。从此转相仿效，遂成风俗。自邹、齐、沧、棣，渐至京邑，城市多开店铺煎茶卖之，不问道俗，投钱取饮。其茶自江、淮而来，舟车相继，所在山积，色额甚多。"

泰山大灵岩寺

唐代开元年间（713—741），泰山的灵岩寺住着一位高僧，人称"降魔师"，他是北禅宗的弟子。当时北方的禅宗主张坐禅，降魔师不许修行的弟子吃晚饭，亦不能睡觉，却允许饮茶。于是寺院里的人都煎水煮茶，此风盛极。其后唐代禅宗高僧百丈怀海（约 720—814）进行教规改革，设立了百丈清规，倡导"一日不作，一日不食"的"农禅"思想，将僧人植茶、制茶纳入农禅内容，将僧人饮茶纳入寺院茶礼，如此制度化令茶饮在寺院进一步普及开来，并逐渐发展出鉴水、选茶、煮茶、饮茶的技艺以及对饮茶环境的讲究。唐代杰出书法家“草圣”怀素（737—799）自幼出家为僧，其草书造诣与张旭齐名，史称“颠张狂素”。怀素写就了有名的《苦笋帖》，这是现今可考的最早的有关佛门茶事的手札：“苦笋及茗异常佳，乃可径来。怀素上。”手札的意思是说苦笋和茶两种物品异常佳美，那就请直接送来吧。怀素通过书法表达了禅茶之缘。唐杜牧（803—约852）《题禅院》有“今日鬓丝禅榻畔，茶烟轻扬落花风”，茶事在佛教中从物质需求一步步上升为精神需求，由此步趋渐进，导致了后来“禅茶一味”这一语境在河北赵县柏林禅寺（唐代叫作观音院）的诞生，即禅门著名公案“赵州吃茶”。

赵州禅师（778—897），法号从谂，禅宗大师，享寿一百二十年，人称“赵州古佛”，素有“赵州眼光烁破天下”之誉。《五灯会

夕阳下的河北赵州柏林禅寺

赵州禅师舍利塔

元》里记录了赵州禅师驻锡河北赵州柏林禅寺时发生的这么件事：

> 师问新到："曾到此间么？"曰："曾到。"师曰："吃茶去。"又问僧，僧曰："不曾到。"师曰："吃茶去。"后院主问曰："为什么曾到也云'吃茶去'，不曾到也云'吃茶去'？"师召院主，主应喏，师曰："吃茶去！"

公案里到过寺庙的人、未到过寺庙的人、寺庙的院主都被赵州从谂禅师派去吃茶，这是为什么呢？原来，在慧能提倡"顿悟"成佛之法后，禅宗诸派又创造了"机锋""棒喝""四宾主"等一系列启人智慧、接引学人的具体方法。机锋是其中非常特别的教学手段，它由禅师在教导弟子的过程中触景生情、信手拈来，为后学对症下药，解除执念，促其猛醒，这是禅宗不同于传统佛教的一大特色。 禅意很难用语言来表达，因为它是心灵的修为，超出了语言，"禅茶一味"即是禅意的表达。赵州禅师的三个"吃茶去"就蕴含着机锋， 他用文不对题、言不及义的三个相同回答来激发弟子去进行自身思考，不依他求，自佛自悟，这就是赵州从谂禅师让他们"吃茶去"的原因之一。

另外一个原因是禅宗讲究十六个字："不立文字，教外别传。直指人心，见性成佛。"为什么"不立文字"呢？这是因为禅宗认为真理不在文字概念里，要破除对文字概念的执着，即要你不能把文字概念本身当真理。如果你认为佛教的真理在文字概念里，那么你读佛经一定是用头脑的理解力去读的。禅宗的"不立文字"是让你不要用

大脑的理解力去读佛经，而是用心去读。怎样用心去读，就是要让你认识到自己的自本心，即那个真实的自己，那个本来面目的自己。禅宗反对大量读经拜佛，故六祖在《坛经·疑问品》中说：“菩提只向心觅，何劳向外求玄？听说依此修行，西方只在眼前。”这就是赵州从谂禅师让诸人“吃茶去”的另一个原因。后来赵朴初先生也曾写过著名的偈句：“七碗受至味，一壶得真趣。空持百千偈，不如吃茶去。”意思是说，空守着连你自己也不知道是什么意思的百千部经书去悟道，还不如喝

〔明〕仇英《春山吟赏图轴》
（台北故宫博物院藏）

茶去呢。

三个“吃茶去”其实是说喝茶是生活中的一件最为平常的事，所谓的禅茶一味就是指“平常心即道”，道不远，也不缥缈，它在人间烟火里。人首先得懂得自己要活着才行，否则谈什么修行也是枉然。饿了就吃饭，渴了就喝茶，“夏天赤胳膊，冬寒须得被”，这是人纯真之本性，也就是人的本来面目，只有知道了这个简而又单的道理，才能明心见性，否则禅茶能一味吗？从生活中来，到生活中去，不单喝茶，在禅宗看来，挑水、搬柴皆是道。楼宇烈先生说得好：“赵州禅，赵州茶，禅茶都是本分事；赵州茶，赵州禅，禅茶均系平常心。会得此意，方能说得茶禅一味，禅茶一味。”

尤喜唐代著名诗僧灵一（约公元764年前后在世）的《与元居士青山潭饮茶》：“野泉烟火白云间，坐饮香茶爱此山。岩下维舟不忍去，青溪流水暮潺潺。”野山白云，烟火袅袅，潺潺清泉，煎水品茗，禅机无处不在。

此事有情惟墨客

在颠沛、忙碌、喧嚣、享乐的红尘中，文士们始终不忘给予生命情感更多的思考与慰藉。

于内心深处，他们更愿走一条清幽的小路，觅一个充满茶香的人生。

“五王醉归图”青花盖碗

大唐气象，开阖万千，唐代的知识分子胸襟宽广，心怀天下。他们的心中所怀可以是“明月出天山，苍茫云海间”的清明，“举杯邀明月，对影成三人”的忧独，也可以是“烹羊宰牛且为乐，会须一饮三百杯”之豪迈。

酒可以纵情地饮，茶却需要满怀敬意地品。在颠沛、忙碌、喧嚣、享乐的红尘中，文士们始终不忘给予生命情感更多的思考与慰藉，于内心深处，他们更愿走一条清幽的小路，觅一个充满茶香的人生，故中年后的杜甫语气平和地讲出：“落日平台上，春风啜佳茗。” 在苏州刺史的任上，山水田园派诗人韦应物写下了脍炙人口的茶诗《喜园中茶生》，诗中说：“洁性不可污，为饮涤尘烦。此物信灵味，本自出山原。聊因理郡余，率尔植荒园。喜随众草长，得与幽人言。” 陆羽的好友、自称“烟波钓徒”的隐者张志和得唐肃宗赐奴、婢各一人，志和配为夫妻，名之曰渔童、樵青。人问其故，答曰：“渔童使捧钓收纶，芦中鼓枻；樵青使苏兰薪桂，竹里煎茶。”想见志和于茶之雅致。

贞观十二年（638）六祖慧能出世及之后《六祖坛经》的诞生与普及，令本土化的禅宗在中国大地枝繁叶茂，迅速成为佛教的主流，其传播最广，影响最大。禅宗的修行融于日常生活当中，不拘于任何形式，静坐惟思、劈柴担水、嬉笑怒骂、激扬指点、生杀予夺均能为之，简捷可行，为士人们普遍接受。彼时，很多坐落在山中的寺院都植茶、制茶，自给自足。萌芽于南北朝，至宋达到顶峰，记录宗门师承、传道的《景德传灯录》中就录有许多寺僧种茶、摘茶、借茶传道的文字，如《景德传灯录》卷第八记则川和尚（活跃于约 805—820

年）：“师入茶园内，摘茶次，庞居士云：‘法界不容身，师还见我否？’师云：‘不是老师，怕答公话。’居士云：‘有问有答，盖是寻常。’师乃摘茶，不听。居士云：‘莫怪适来容易借问。’师亦不顾，居士喝云：‘这无礼仪老汉，待我一一举向明眼人在。’师乃抛却茶篮子，便入方丈。”《景德传灯录》卷第九记潭州沩山灵佑禅师（771—853）：“普请摘茶，师谓仰山曰：‘终日摘茶，只闻子声，不见子形。请现本形相见。’仰山撼茶树。师云：‘子只得其用，不得其体。’仰山云：‘未审和尚如何。’师良久。仰山云：‘和尚只得其体，不得其用。’师云：‘放子二十棒。’玄觉云：‘且道，过在什么处。’”《景德传灯录》卷第十二记镇州临济义玄禅师（？—867）：“黄檗一日普请锄茶园。”诗僧贯休（832—912）《春游灵泉寺》一诗中也有涉及僧人与茶的描写：“嘴红涧鸟啼芳草，头白山

「春山小憩图」青花品杯

僧自扞茶。”

与灵岩寺高僧“降魔师”同时代的中国茶道开山鼻祖、诗僧皎然（约720—798），已在其时道出了茶可“一饮涤昏寐，情来朗爽满天地。再饮清我神，忽如飞雨洒轻尘。三饮便得道，何须苦心破烦恼”之效用。刘禹锡（772—842）《西山兰若试茶歌》中形象地描绘了僧人采茶、炒茶、煮水、烹茶、品饮的全过程，尤其“僧言灵味宜幽寂，采采翘英为嘉客”一句，指出了饮茶环境的重要及只可意会的禅意。在当时，于文人士大夫来讲，与有道高僧一同品茗参禅是种卓然的精神享受，其“参百品而不混，越众饮而独高”，可“与醍醐、甘露抗衡也”。自然地，茶令对心灵均有所追求的僧与俗相知相见了，由是，更多的文人墨客加入到了这一行列。“大历十才子”之一的钱起（约722—780）《过长孙宅与朗上人茶会》有：“偶与息心侣，忘归才子家。”天宝七年（748）进士李嘉祐《同皇甫侍御题荐福寺一公房》：“啜茗翻真偈，然灯继夕阳。”唐人元稹所说“茶。香叶，嫩芽。慕诗客，爱僧家”，贯休所讲“何时重一见，谈笑有茶烟”，更是此之真实写照。

消渴茂陵客，甘凉庐阜泉。泻从千仞石，寄逐九江船。竹柜新茶出，铜铛活火煎……何当结茅屋，长在水帘前。

写这首诗的人即是《煎茶水记》的作者张又新。张又新，唐元和九年（814）状元及第，嗜茶，《煎茶水记》是继陆羽《茶经》之后唐代又一部重要的茶学著作。《煎茶水记》记载：

庐山康王谷水帘泉

代宗朝李季卿刺湖州，至维扬，逢陆处士鸿渐……李因问陆：“既如是，所经历处之水，优劣精可判矣。”陆曰：“楚水第一，晋水最下。”李因命笔，口授而次第之：

庐山康王谷水帘水第一；

无锡县惠山寺石泉水第二；

蕲州兰溪石下水第三；

峡州扇子山下有石突然泄水，独清冷，状如龟形，俗云虾蟆口水，第四；

苏州虎丘寺石泉水第五；

庐山招贤寺下方桥潭水第六；

扬子江南零水第七；

洪州西山西东瀑布水第八；

唐州柏岩县淮水源第九，淮水亦佳；

庐州龙池山顾水第十；

丹阳县观音寺水第十一；

扬州大明寺水第十二；

汉江金州上游中零水第十三，水苦；

归州玉虚洞下香溪水第十四；

商州武关西洛水第十五，未尝泥；

吴松江水第十六；

天台山西南峰千丈瀑布水第十七；

郴州圆泉水第十八；

桐庐严陵滩水第十九；

雪水第二十，用雪不可太冷。

陆羽应湖州刺史李季卿的请求，对其时全国二十种煎茶所用之水做出排名，其中第一名是庐山康王谷水帘水。此水即庐山主峰大汉阳峰南面康王谷中谷帘泉 ，其悬注 170 余米，如一匹白色水帘从天而降，故又称康王谷水帘水。张又新诗中所提到的庐山僧所寄即是此水。张又新曾任江州刺史，对其所辖境内的庐山及康王谷水帘水非常熟悉，离开江州后每每煎茶总是会想起庐山的康王谷水帘水。后在外地为官的他收到了庐山僧人朋友不远千里寄来的康王谷水帘水，喜出望外，立即用此水煎饮保存在竹柜内的新茶，边品茶边回忆与僧人老友的美好交往，茶香四溢，几欲成仙。

对于庐山康王谷水帘水，宋代苏轼在《元翰少卿宠惠谷帘水一器、龙团二枚，仍以新诗为贶，叹味不已，次韵奉和》内赞道："岩垂匹练千丝落，雷起双龙万物春。此水此茶俱第一，共成三绝鉴中人。"陆游亦曾到庐山汲取此水烹茶，他在《试茶》中有"日铸焙香怀旧隐，谷帘试水忆西游"之句，并在《入蜀记》中写道："真绝品也。甘腴清冷，具备众美。非惠山所及。"

"剑外九华英，缄题下玉京。开时微月上，碾处乱泉声。半夜招僧至，孤吟对月烹。碧沉霞脚碎，香泛乳花轻。六腑睡神去，数朝诗思清。月余不敢费，留伴肘书行。"这是吏部郎中曹邺（约 816—875）记述自己在收到好友从千里之遥的剑门关外寄来的茶叶后发生的美妙茶事。在一个月牙初升的夜晚，曹邺置茶碾于泉畔，取出收到的茶饼，用火微烤，茶香溢出后，取茶一块，用茶碾将它慢慢碾碎，过罗筛出细小的茶末，准备工作完成，静坐待客。夜半，僧友受邀乘月色至，两人对坐寒暄，继而曹邺汲泉、取炭、起火，于鍑中煮水。水微微有声，水面开始出现如鱼眼一样的气泡，正是初沸。见此状，立即打开瓷制的鹾簋，持竹揭自内取盐倒入水中调味，并取水试了一下味道，满意后，待第二沸。很快，鍑边缘的水像泉涌连珠般滚起，曹邺用葫芦瓢自水中舀出一瓢水备用，然后拿竹夹在沸水中绕圈搅动形成漩涡，接着用"则"量好茶末，倒入漩涡之中。当看到水面滚动如波涛狂奔、泡沫飞溅的第三沸来临时，立即把刚才舀出备用的水倒进去止沸，让茶汤孕育成华。煎好的茶汤末沉华浮，雪白的乳花泛于汤面，香气四溢，遂酌分于越窑青瓷碗中上茶。主人道一"请"字，僧视主人而笑，举碗品茶。霎时，茶香四溢，六腑神清。月下吟诗，煎茶对饮，人、月、泉、诗、茶一个都不少，颇应陆龟蒙"有情惟墨客，无语是禅家"之语。

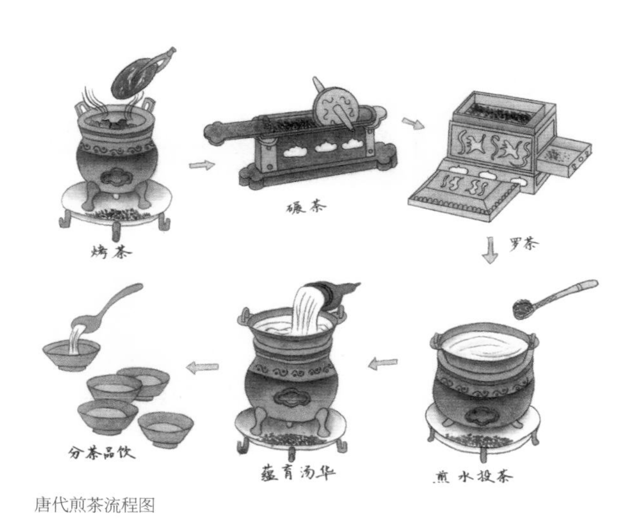

唐代煎茶流程图

李白（701—762），这位“绣口一吐就半个盛唐”的诗仙，用他的狂放不羁和惊风曳雨的才华令后人在诗中领略了盛唐气度以及那个时代的精神写照，而他与茶之缘分更是不浅。被杜甫称为“谪仙人”的李白曾用浪漫主义的情思和生花的妙笔宣写了一种与僧侣有关的、名字听起来别具一格的茶——仙人掌茶。他在《答族侄僧中孚赠玉泉仙人掌茶并序》中说：“余闻荆州玉泉寺近清溪诸山……处处有茗草丛生……余游金陵，见宗僧中孚。示余茶数十片，拳然重叠，其状如手，号为仙人掌茶，盖新出乎玉泉之山，旷古未觌。因持之见遗，兼赠诗，要余答之，遂有此作。后之高僧大隐，知仙人掌茶发乎中孚禅子及青莲居士李白也。常闻玉泉山，山洞多乳窟……茗生此中石，玉泉流不歇……曝成仙人掌，似拍洪崖肩……朝坐有余兴，长吟播诸天。”

南朝梁任昉（460—508）《述异记》记：“荆州清溪秀壁诸山山洞，往往有乳窟，窟中多玉泉交流，中有白蝙蝠大如鸦，按仙经云，蝙蝠一名仙鼠，千载之后，体白如银，栖则倒悬，盖饮乳水而长生也。”李白没有到过荆州清溪秀壁诸山，博学的他想是看过《述异记》，故能清晰撰序。李白晚年游览南京，在那里意外遇到了自己的族侄，此时已为湖北当阳玉泉寺僧人的中孚。中孚禅师拿出了自己制作的珍贵的仙人掌茶与族叔品饮，并呈上自己的诗作请族叔评点。李白一品，大爱，兴奋莫名，感慨万千，顿生要把仙人掌茶“长吟播诸天”的想法，遂和此诗。更令其欣喜的是不经意的机缘让李白自己成为这个与世隔绝的茶在外间的最先发现且宣扬者，故他在序中特别点明，仙人掌茶是从我青莲居士与中孚禅师这里传扬出去的。这首诗中，“曝成仙人掌，似拍洪崖肩”一句是说成品茶的外貌像是拍过洪崖肩头的手掌，故名仙人掌。洪崖是黄帝的臣子伶伦，传说中的仙人，尧时已经三千岁。张衡《西京赋》有“洪崖立而指麾，被毛羽之襳襹”，郭璞《游仙诗》中亦写“赤松临上游，驾鸿乘紫烟。左挹浮丘袖，右拍洪崖肩”，“拍洪崖肩”的典故即出于此。

对于“曝”字，许多书籍将其解释为“晒青”工艺，笔者认为此点欠妥。在序中我们可以看到李白对成品茶外观的描述：“示余茶数十片，拳然重叠，其状如手。”这个“片”字很好地说明了这是以“片”为计数单位的饼茶，即经过蒸青且压制的茶饼，茶饼以片计量，故又称“片茶”。白居易有“绿芽十片火前春”，马端临编撰的典章制度史《文献通考》中有：“茗有片、有散。”另外，“曝”也不是简单的晒青，应是指代唐时完整的蒸青绿茶制作工艺环节即“蒸之，捣之，拍之，焙之，穿之，封之，茶之干矣”。如果是晒青工艺而成之，试想一下，如何将晒青的散茶做成饼茶呢？如是的话，那只能用三国《广雅》里的方法，要如“荆巴间采茶作饼，饼成以米膏出之”了。晒干的茶，茶叶外表面必然无茶汁流出，那么果胶之类的黏性物质也不会分离出来，只能用米膏作浆糊把这些晒干的茶叶粘在一起。如此粘连的饼茶，若以其去“拍洪崖肩”，估计一拍就散架了。

李白斗酒诗百篇，笔者翻遍《全唐诗》中李白的篇目，专门写茶的诗只有这篇《答族侄僧中孚赠玉泉仙人掌茶并序》，作为孤篇独唱，它为这位伟大的唐代诗人在中国茶文化史上留下了光辉的印记。有机会到湖北当阳旅游的朋友，不妨去赏赏玉泉山，品品李白诗中的仙人掌茶吧。

「古代人物图」青花茶壶

应缘我是别茶人

在动荡的政治环境中自我保全，在个人的日常生活里乐观知足，颐养身心，
保持精神世界的相对独立，白居易的中隐生活为后世士人争相效仿。

“仙人图”青花茶杯

唐代诗人中，李白仅留下了一首茶诗，那么留下茶诗最多的又是谁呢？答案是白居易。白居易（772—846），字乐天，号香山居士，伟大的现实主义诗人，与李白、杜甫并称为“唐代三大诗人”。中唐时，白诗脍炙人口，达到了天下争吟、无分老幼的程度。这位有着“诗魔”之称的香山居士是一个极爱茶的人，对种茶、制茶、品茶皆有心得，涉茶诗歌颇多，纵横人间七十五载，一生都伴随着茶香。透过白居易喜怒哀乐的人生起伏，我们可一窥茶饮在其时唐人生活中的种种情态。

提起白居易的诗文，人们大多首先会想到他那首脍炙人口的《琵琶行》。元和十年（815），白居易遭贬江州司马，江州即今江西九江市。一个萧瑟秋日，白居易“送客湓浦口，闻舟中夜弹琵琶者……遂命酒，使快弹数曲。曲罢悯然，自叙少小时欢乐事，今漂沦憔悴，转徙于江湖间。予出官二年，恬然自安，感斯人言，是夕始觉有迁谪意。因为长句，歌以赠之，凡六百一十六言，命曰《琵琶行》”。一个被贬异地的诗中妙手，一个被命运遗弃的京都艺妓就这样在皓月当空、渔火点点、波光灯影的江面上相遇了。嘈嘈切切错杂弹，大珠小珠落玉盘，曲终人散，白居易发出了“同是天涯沦落人，相逢何必曾相识……座中泣下谁最多？江州司马青衫湿”的无限感慨。

《琵琶行》中“商人重利轻别离，前月浮梁买茶去”一句，不经意间对唐代浮梁产茶之事做了记载。浮梁，今隶属江西省景德镇市，其时浮梁县为茶叶交易集散地，唐人李吉甫《元和郡县志》卷二十九记“浮梁每岁出茶七百万驮，税十五余万贯”，唐代王敷《茶酒论》也曾记到“浮梁歙州，万国来求”，由此可以想象浮梁

江西景德镇浮梁县茶园

茶在当时的盛况。

江州往南不足百里，即是有着“匡庐奇秀甲天下”之誉的庐山。在被贬生活中，白居易有了更多闲暇时光，除了“小盏吹醅尝冷酒，深炉敲火炙新茶”，“嫩剥青菱角，浓煎白茗芽”外，游览庐山自然而然成了他新的喜好。游“山寺桃花始盛开”的大林寺，登“日照香炉生紫烟”的香炉峰，庐山的美让青衫已湿的江州司马忘却了官场的失落寂寞，寻到了心灵的自由、形体的归宿，他陶醉其中，流连忘返，发出了“言我本野夫，误为世网牵。时来昔捧日，老去今归山。倦鸟得茂树，涸鱼返清源。舍此欲焉往，人间多险艰”的感怀。于是“太原人白乐天见而爱之，若远行客过故乡，恋恋不能去。因面峰腋寺，作为草堂”，“待予异日弟妹婚嫁毕，司马岁秩满，出处行止，得以自遂，则必左手引妻子，右手抱琴书，终老于斯，以成就我平生之志。清泉白石，实闻此言！”（《庐山草堂记》）。元和十二年（817）草堂落成，“时三月二十七日始居新堂；四月九日与河南元集虚、范阳张允中、南阳张深之、东西二林寺长老凑公、朗、满、晦、坚等凡二十二人，具斋施茶果以落之。”

搭建草堂的同时，当然少不了他心仪的那出自天地造化的嘉树，喜茶的白居易于是开辟茶园，觅种植茶。诗人在《香炉峰下新置草堂即事咏怀题于石上》中记道：“香炉峰北面，遗爱寺西偏。……时有沉冥子，姓白字乐天。……架岩结茅宇，斫壑开茶园。……”

唐代，蜀茶在众多的茶品中独树一帜，蜀茶也是白居易的大爱，他曾在《琴茶》中说：“琴里知闻唯渌水，茶中故旧是蒙山。”在开辟自己茶园的这一年，白居易病倒了。卧床养病的他这时候收到了一

唐白釉香花茶果碗（中国国家博物馆藏）

件意外的礼物，自己的好友四川忠州刺史李宣寄来了蜀地新茶十饼。得到好友的关心，病中的他万分欣喜，于是煮水煎茶，饮后赋诗一首《谢李六郎中寄新蜀茶》："故情周匝向交亲，新茗分张及病身。红纸一封书后信，绿芽十片火前春。汤添勺水煎鱼眼，末下刀圭搅曲尘。不寄他人先寄我，应缘我是别茶人。"表达了友人间非同一般的情谊，"别茶人"一词体现出在朋友眼中白居易品茶、辨茶均有独到的造诣，也表达了诗人自己于茶之一道的自信。

有意思的是，三年以后白居易被朝廷起用，任忠州刺史。赴任途中，茶依然是白居易所不能离开的，他在《江州赴忠州至江陵已来舟中示舍弟五十韵》中写"瓯泛茶如乳，台粘酒似饧"。忠州偏远贫困，白诗说它"山束邑居窄，峡牵气候偏。林峦少平地，雾雨多阴天"。到达忠州后，白居易整顿吏治，宽刑均税，奖励生产。他发现此地气候土壤适宜植树种花，就身体力行大加推广。植树、花于城东土坡并作诗《东坡种花二首》：“持钱买花树，城东坡上栽……百果参杂种，千枝次第开。”之后白居易奉诏返京，写《别种东坡花树两绝》留下了对庐山草堂、茶园和忠州桃李的无限回味：“三年留滞在江城，草树禽鱼尽有情。何处殷勤重回首？东坡桃李种新成。”白居易于逆境中的乐观精神直接影响了二百六十年后被贬黄州的苏轼，其时苏轼在东门外坡地躬耕植树，破土种茶，自号“东坡”，此即中国文人思想跨越时空在同一频率下的交织共鸣。

长庆二年（822），白居易赴任杭州刺史，行程数千里，历时两月余，茶又是其途中不能须臾离开之物。途中他作诗《宿蓝桥对月》：“新秋松影下，半夜钟声后。清影不宜昏，聊将茶代酒。”《山路偶兴》：“提笼复携榼，遇胜时停泊。泉憩茶数瓯，岚行酒一酌。”《山泉煎茶有怀》：“坐酌泠泠水，看煎瑟瑟尘。无由持一碗，寄与爱茶人。”

在杭州，白居易修筑西湖白堤，蓄水灌溉，又疏通李泌旧凿六井淤塞，便民饮水，受到杭州百姓的爱戴。励精图治下政绩喜人，“灯火家家市，笙歌处处楼”。如释重负的他终于可以“太守卧其下，闲慵两有余。起尝一瓯茗，行读一卷书”，可以“睡足心更慵，日高头未裹。徐倾下药酒，稍爇煎茶火”，可以“移榻临平岸，携茶上小舟”而尽享茶香生活了。

其时蜀地名僧韬光禅师主持杭州韬光寺，两人彼此仰慕已久，白居易经常登门与禅师品茶谈法。有一次白居易准备了一桌丰盛的素宴，想请韬光法师过来小聚，饭后再一同吃茶，于是书《招韬光禅师》诗一首，令人送与韬光，诗中写“白屋炊香饭，荤膻不入家。滤泉澄葛粉，洗手摘藤花。青芥除黄叶，红姜带紫芽。命师相伴食，斋罢一瓯茶”。但韬光禅师律己甚严，未接受邀请，不肯出寺入城，作《谢白乐天招》，婉转说出了不入城的原因：“山僧野性好林泉，每向岩阿倚石眠……城市不能飞锡去，恐妨莺啭翠楼前。”白居易读懂了禅师心境，更加敬重韬光，亲自出城拜访，在韬光处两人一道汲金莲池泉水烹茗、论文，成就茶史一段佳话。

其后白居易刺苏州，返长安，于大和三年以太子宾客退身洛阳，临行之时，刘禹锡、元稹、王起、李绅等诸友送其于兴化亭。酒酣之际大家赋诗为娱，每人作宝塔诗一首。与白居易并称“元白”、共同

杭州韬光寺金莲池

开创新乐府运动的元稹，挥笔写就了流芳千古的宝塔《茶》诗。

茶。

香叶，嫩芽。

慕诗客，爱僧家。

碾雕白玉，罗织红纱。

铫煎黄蕊色，碗转曲尘花。

夜后邀陪明月，晨前独对朝霞。

洗尽古今人不倦，将知醉后岂堪夸。

元稹（779—831），字微之，他就是《莺莺传》中主人公张生的原型。元稹与白居易同科及第，元稹第一，白居易第四。元稹于殿试时曾受皇帝赐茶，他将此情景写入了《自述》一诗，留下了其时宫廷茶事剪影："延英引对碧衣郎，江砚宣毫各别床。天子下帘亲考试，宫人手里过茶汤。"

白居易抵达洛阳后，在那里过上了龙门览胜、寺院参禅、寄诗唱和、桌前品茗的归隐生活，这一年白居易 58 岁，直到 75 岁故去，都未曾离开这里。刚刚返洛，新朋老友接踵来访，不亦乐乎。其中有一位叫做萧籍的老友是位高级茶、酒腻子，此公从不把自己当外人，每次来白家都蹭吃蹭喝，而且一待就是大半天。白居易看着这位没心没肺的老友，乐呵呵地写了首《萧庶子相过》诗相赠与他，诗中说："半日停车马，何人在白家。殷勤萧庶子，爱酒不嫌茶。"归隐的白居易在此际更是提出了著名的"中隐"思想，他在名篇《中隐》诗中说："大隐住朝市，小隐入丘樊。丘樊太冷落，朝市太嚣喧。不如作中隐，隐在留司官……唯此中隐士，致身吉且安。"

任何一种新思想的问世都脱离不开它所处的时代，白居易的中隐思想亦然。李泽厚先生《美的历程》论述中唐："时代精神已不在马上，而在闺房；不在世间，而在心境。不是对人世的征服进取，而是从人世的逃遁退避；不是人物或人格，更不是人们的活动事业，而是人的心情意绪成了艺术和美学的主题。"白居易是深谙此道的个中翘楚，在动荡的政治环境中自我保全，在个人的日常生活里乐观知足，颐养身心，保持精神世界的相对独立，白居易的中隐生活为后世士人争相效仿。

63 岁时，白居易作诗《营闲事》："自笑营闲事，从朝到日斜……桃根知酒渴，晚送一瓯茶。"65 岁的白居易为了喝口蜀茶，写下了生活趣味十足的诙谐茶诗《杨六尚书新授东川节度使代妻戏贺兄嫂二绝》，诗中极尽马屁猛拍之能事，这位老小孩可爱至极："刘纲与妇共升仙，弄玉随夫亦上天……觅得黔娄为妹婿，可能空寄蜀茶来？" 白居易的生活每每与茶相交都透着淡雅、闲适、开通、爽朗的韵味。在《咏意》中他写道："或吟诗一章，或饮茶一瓯……贫贱亦有乐，乐在身自由。"茶有两个状态：沉，浮。喝茶人有两个动作：拿起，放下。人生如茶，要拿得起，也要放得下；沉时坦然，浮时淡然。对白居易来说如此，于我们来讲又何尝不是呢！

《唐才子传》记白居易归隐洛阳后："卜居履道里，与香山僧如满等结净社，疏沼种树，构石楼，凿八节滩，为游赏之乐，茶铛酒杓不相离……称香山居士。与胡杲、吉旼、郑据、刘真、卢贞、张浑、

“清供图”粉彩茶杯

〔明〕谢环《香山九老图》局部
（美国克利夫兰艺术博物馆藏）

如满、李元爽燕集，皆年高不仕，日相招致，时人慕之，绘《九老图》。”香山，又称龙门东山，位于洛阳市城南，与举世闻名的龙门石窟隔河相望。唐会昌五年，白居易带着琴棋蔬果、茶铛美酒与八个隐居在香山左近的老友们一同宴游香山，时人慕之，这就是历史上著名的“香山九老雅集”。九人中白居易年纪最小（74 岁），年龄最大的是洛中遗老李元爽，九老会时年已 136 岁高龄。为了纪念此次集会，白居易作《香山九老会诗序》并请画师将九老及当时的活动描绘下来，《香山九老图》即由此来。

皮陆唱和袭千古

令人欣慰的是，几十年后茶史上出现了专咏茶器的组诗，

并且成就了一段前后跨越八百年、脍炙人口的茶事诗歌唱和佳话。

「古代人物图」青花茶杯

爱屋及乌，品茗离不开茶器，在白居易的茶诗里，我们看到了茶碗、茶瓯、茶盏、茶柜、茶炉、茶灶等文字的出现，但没有专项描写这些茶器的诗篇，稍显遗憾。令人欣慰的是，几十年后茶史上出现了专咏茶器的组诗，并且成就了一段前后跨越八百年、脍炙人口的茶事诗歌唱和佳话，其源起于以嗜酒著称但同样喜茶的唐人皮日休。皮日休（约 838—约 883），字袭美，号逸少，晚唐诗人、文学家，竟陵（今湖北天门）人，跟陆羽是同乡。陆龟蒙（？—约 881），字鲁望，自号天随子，苏州人，唐代诗人、农学家。

皮日休与陆龟蒙齐名，两人是晚唐诗歌史上的重要人物。皮日休“以文章自负”，“在乡里，与陆龟蒙交拟金兰，日相赠和”，世称“皮陆”。二人爱茶，均为陆羽拥趸。陆龟蒙有自己的茶园，他曾“置小园顾渚山下，岁入茶租，薄为瓯蚁之费。著书一编……好事者

唐白釉茶釜、三瓣形瓷盏（中国国家博物馆藏）

虽惠山、虎丘、松江，不远百里为致之。又不喜与流俗交，虽造门亦罕纳。不乘马，每寒暑得中，体无事时，放扁舟，挂篷席，赍束书、茶灶、笔床、钓具，鼓棹鸣榔，太湖三万六千顷，水天一色，直入空明。或往来别浦，所诣小不会意，径往不留，自称'江湖散人'”。

二人喜茶，在茶诗的创作上亦别开生面，皮日休写出了《茶中杂咏》十首，《茶中杂咏》序中说："茶之事由周至今竟无纤遗矣，昔晋杜育有《荈赋》，季疵有《茶歌》，余缺然于怀者，谓有其具而不形于诗，亦季疵之余恨也，遂为十咏，寄天随子。" 皮日休认为陆羽《茶经》详细叙述了各类茶器却没有赋诗歌咏之，实为憾事，所以自己写《茶中杂咏》十首以弥补，分别叙述茶坞、茶人、茶笋、茶籝、茶舍、茶灶、茶焙、茶鼎、茶瓯、煮茶等诸多茶事。诗写就后寄与好友陆龟蒙，陆龟蒙即随声唱和，做《奉和袭美茶具十咏》。于此唱和中我们可以看到，唐代的顾渚山下，人们就地取材搭建房舍，舍外柴扉清泉，鸡犬相闻。深谷云霄中，小溪潺潺，茶园内茶树新枝方抽，鲜嫩的茶芽在雾气滋润中萌发而出。采茶的人们挎着用翠竹编成的竹篓外出采茶，茶园里充满了笑语欢声。采茶归来，大家搭好灶台，放上装满泉水的铁锅烧水，再将茶青置入蒸笼，架于锅上，来制作蒸青绿茶。蒸好的茶经过捣烂后被拍成或方或圆的茶饼，焙干封藏。诗人于林间松下，以古鼎佳泉煎茶，在朴素的竹席上同友人持瓯品饮，以茶代酒，把茶言欢，何其快哉，又何惧寒冷的风雪夜呢！在"皮陆"二人丰富的词藻中，这十首诗串联起来就是十幅鲜活的动图，详尽展现了唐代茶事采摘、制造、用器、品饮、言欢等诸多风貌，堪称诗中《茶经》。录下一观：

茶中杂咏十首

〔唐〕皮日休

茶　坞

闲寻尧氏山，遂入深深坞。种荈已成园，栽葭宁记亩。
石洼泉似掬，岩罅云如缕。好是夏初时，白花满烟雨。

茶　人

生于顾渚山，老在漫石坞。语气为茶荈，衣香是烟雾。
庭从懒子遮，果任獳师虏。日晚相笑归，腰间佩轻篓。

茶　笋

褎然三五寸，生必依岩洞。寒恐结红铅，暖疑销紫汞。
圆如玉轴光，脆似琼英冻。每为遇之疏，南山挂幽梦。

茶　籯

筤篣晓携去，蓦个山桑坞。开时送紫茗，负处沾清露。
歇把傍云泉，归将挂烟树。满此是生涯，黄金何足数。

茶　舍

阳崖枕白屋，几口嬉嬉活。棚上汲红泉，焙前蒸紫蕨。
乃翁研茗后，中妇拍茶歇。相向掩柴扉，清香满山月。

茶 灶

南山茶事动，灶起岩根傍。水煮石发气，薪然杉脂香。
青琼蒸后凝，绿髓炊来光。如何重辛苦，一一输膏粱。

茶 焙

凿彼碧岩下，恰应深二尺。泥易带云根，烧难碍石脉。
初能燥金饼，渐见干琼液。九里共杉林，相望在山侧。

茶 鼎

龙舒有良匠，铸此佳样成。立作菌蠢势，煎为潺湲声。
草堂暮云阴，松窗残雪明。此时勺复茗，野语知逾清。

茶 瓯

邢客与越人，皆能造兹器。圆似月魂堕，轻如云魄起。
枣花势旋眼，蘋沫香沾齿。松下时一看，支公亦如此。

煮 茶

香泉一合乳，煎作连珠沸。时看蟹目溅，乍见鱼鳞起。
声疑松带雨，饽恐烟生翠。倘把沥中山，必无千日醉。

奉和袭美茶具十咏

〔唐〕陆龟蒙

茶　坞

茗地曲隈回，野行多缭绕。向阳就中密，背涧差还少。

遥盘云髻慢，乱簇香篝小。何处好幽期，满岩春露晓。

茶　人

天赋识灵草，自然钟野姿。闲来北山下，似与东风期。

雨后探芳去，云间幽路危。唯应报春鸟，得共斯人知。

茶　笋

所孕和气深，时抽玉茗短。轻烟渐结华，嫩蕊初成管。

寻来青霭曙，欲去红云暖。秀色自难逢，倾筐不曾满。

茶　籝

金刀劈翠筠，织似波文斜。制作自野老，携持伴山娃。

昨日斗烟粒，今朝贮绿华。争歌调笑曲，日暮方还家。

茶　舍

旋取山上材，架为山下屋。门因水势斜，壁任岩隈曲。

朝随鸟俱散，暮与云同宿。不惮采掇劳，只忧官未足。

茶　灶

无突抱轻岚，有烟映初旭。盈锅玉泉沸，满甑云芽熟。
奇香袭春桂，嫩色凌秋菊。炀者若吾徒，年年看不足。

茶　焙

左右捣凝膏，朝昏布烟缕。方圆随样拍，次第依层取。
山谣纵高下，火候还文武。见说焙前人，时时炙花脯。

茶　鼎

新泉气味良，古铁形状丑。那堪风雪夜，更值烟霞友。
曾过赪石下，又住清溪口。且共荐皋卢，何劳倾斗酒。

茶　瓯

昔人谢塸埞，徒为妍词饰。岂如珪璧姿，又有烟岚色。
光参筠席上，韵雅金罍侧。直使于阗君，从来未尝识。

煮　茶

闲来松间坐，看煮松上雪。时于浪花里，并下蓝英末。
倾余精爽健，忽似氛埃灭。不合别观书，但宜窥玉札。

时光荏苒，六百多年后的明代，文徵明因病赋诗，以和皮陆《茶具十咏》并配绘《茶事图》，又成为一段茶史佳话，《茶事图》后又有文徵明弟子居节所摹画版本传世。文徵明（1470—1559），明代

《茶事图》局部

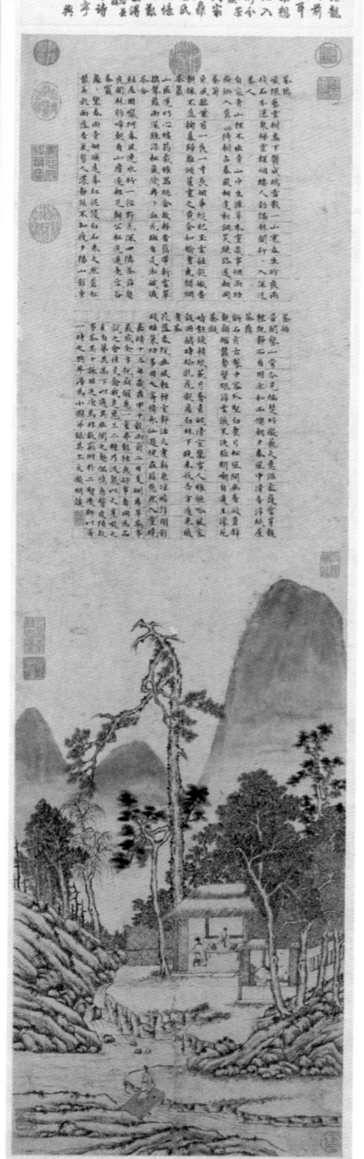

〔明〕文徵明《茶事图》（台北故宫博物院藏）

杰出文学家，诗、文、书、画无一不精，人称“四绝”。在画史上与沈周、唐寅、仇英合称“吴门四家”；在诗文上，与祝允明、唐寅、徐祯卿并称“吴中四才子”。现藏台北故宫博物院的文徵明《茶事图》是其品虎丘茶有感而效仿唐代陆龟蒙与皮日休唱和的《茶具十咏》而作。图上绘青山之下古树森郁，藩篱之内茅舍两间，主客坐于室内，书、壶伴其左右。另一间屋内，一童子烧水，炉正沸。画面上方自题五言律诗十首，分别咏茶坞、茶人、茶笋、茶籝、茶舍、茶灶、茶焙、茶鼎、茶瓯、煮茶。录如下：

茶 坞

岩隈艺云树，高下郁成坞。雷散一山寒，春生昨夜雨。
栈石分瀑泉，梯云探烟缕。人语隔林闻，行行入深迂。

茶 人

自家青山里，不出青山中。生涯草木灵，岁事烟雨功。
荷锄入苍霭，倚树占春风。相逢相调笑，归路还相同。

茶 笋

东风临紫苔，一夜一寸长。烟华绽肥玉，云毨凝嫩香。
朝采不盈掬，暮归难倾筐。重之黄金如，输贡充头纲。

茶 籝

山匠运巧心，缕筠裁雅器。丝含故粉香，箬带新云翠。
携攀萝雨深，归染松风腻。冉冉血花斑，自是湘娥泪。

茶 舍

结屋因岩阿，春风连水竹。一径野花深，四邻茶荈熟。
夜闻林豹啼，朝看山麋逐。粗足辨公私，逍遥老空谷。

茶 灶

处处鬻春雨，青烟映远峰。红泥侵白石，朱火然苍松。
紫英凝面落，香气袭人浓。静候不知疲，夕阳山影重。

茶　焙

昔闻凿山骨，今见编楚竹。微笼火意温，密护云芽馥。
体既静而贞，用亦和而燠。朝夕春风中，清香浮纸屋。

茶　鼎

斫石肖古制，中容外坚白。煮月松风间，幽香破苍壁。
龙头缩蚕势，蟹眼浮云液。不使弥明嘲，自适王濛厄。

茶　瓯

畴能练精珉，范月夺素魄。清宜鬻雪人，雅惬吟风客。
谷雨斗时珍，乳花凝处白。林下晚未收，吾方迟来屐。

煮　茶

花落春院幽，风轻禅室静。活火煮新泉，凉蟾浮圆影。
破睡策功多，因人寄情永。仙游恍在兹，悠然入灵境。

诗后题记：

嘉靖十三年岁在甲午，谷雨前二日，支硎、虎丘茶事最盛，余方抱疴偃息一室，弗能往与好事者同为品试之会。佳友念我走惠三二种，乃汲泉以火烹啜之，辄自第其高下，以适其幽闲之趣。偶忆唐贤皮陆故事“茶具十咏”，因追次焉，非敢窃附于二贤后，聊以寄一时之兴耳。漫为小图，并录其上。

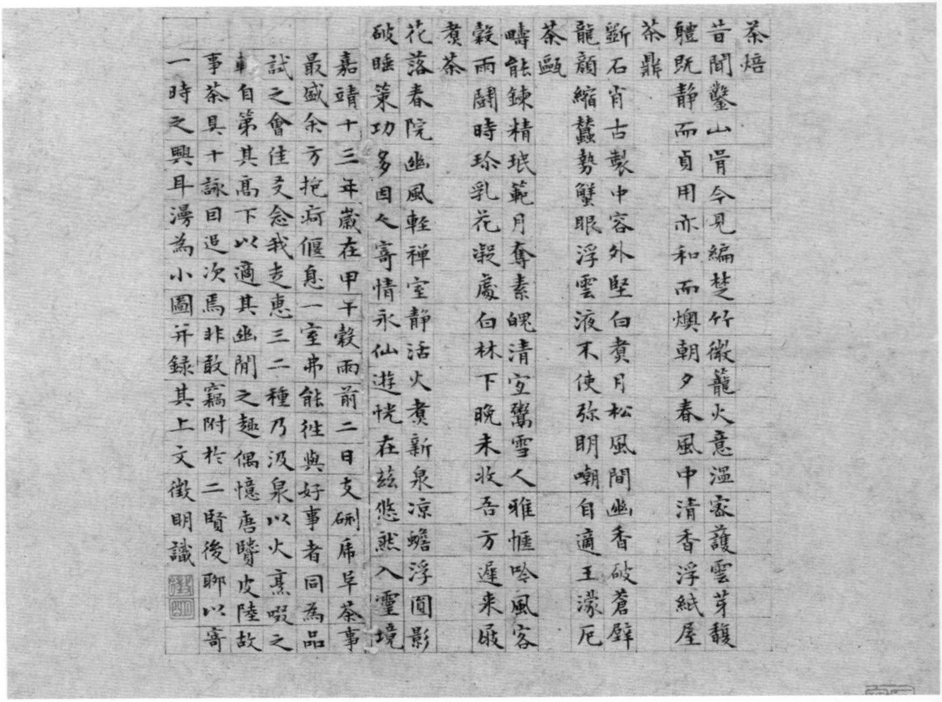

茶焙
昔聞鑿山骨今見編楚竹微籠火意溫密護雲芽馥
體既靜而貞用亦和而燠朝夕春風中清香浮紙屋
茶鼎
斲石肖古製中容外堅白煮月松風間幽香破蒼蘚
龍顏縮蠹勢蟹眼浮雲液不使弥明嘲自適王濛厄
茶甌
疇能鍊精珉範月奪素魄清宜鷺雪人雅愜吟風客
穀雨鬪時珍乳花凝處白林下晚未收吾方遲來屐
煮茶
花落春院幽風輕禪室靜活火煮新泉涼蟾浮圓影
破睡策功多因人寄情永仙遊恍在茲悠然入靈境
嘉靖十三年歲在甲午穀雨前二日支硎虎阜茶事
最盛余方抱疴偃息一室弗能往與好事者同為品
試之會佳友念我走惠三二種乃汲泉以火烹啜之
輒自第其高下以適其幽閒之趣偶憶唐賢皮陸故
事茶具十詠因追次焉非敢竊附於二賢後聊以寄
一時之興耳漫為小圖并錄其上文徵明識

〔明〕文徵明《茶事图》局部

嘉靖十三年即 1534 年，其时文徵明已经 65 岁了。那一年谷雨前二天，文徵明因生病不能参与支硎、虎丘的茶叶盛事，他的好朋友就给他送来几种好茶补其遗憾。文徵老于是让童子汲泉烧火，品评起茶叶之高下。香茗入口，果如东汉华佗所讲茶饮“益意思”，文徵明才思泉涌，忆起唐人皮日休、陆龟蒙关于茶事的十组唱和，诗人兴起，遂仿先贤，亦作诗十首，并绘《茶事图》传世。

二百多年后，清代的品茶高手乾隆皇帝，远眺唐代皮陆“茶具十咏”之唱和茶风，近观居节摹画文徵明之《茶事图》，有感而发，亦以茶坞、茶人、茶笋、茶籝、茶舍、茶灶、茶焙、茶鼎、茶瓯、煮茶为题，挥毫作下新《茶具十咏》遥和前人，展现了一代帝王的风骚：

茶　坞

云归天池峰，春暖虎丘坞。茶事盛东南，良时逮谷雨。

林扉密疑关，岩径细如缕。白花似蔷薇，引人入幽迂。

茶　人

虽云六经舍，却见尔雅中。取弃固有时，造化宁无功。

季疵开其端，三吴传斯风。珍重图里人，卢陆可能同。

茶　笋

崖洞非行鞭，簇簇抽菽长。吐蕤玉为朵，布气兰想香。

忆在龙井上，亲见倾筠筐。汲泉便煮之，底藉呈贡纲。

茶　籯

岩阿矗苍筤，裁作贮荈器。烟粒含宿润，晓箬带生翠。

倾则未觉盈，携之犹怜腻。高咏夷中诗，伊人岂无泪。

茶　舍

覆屋几株松，迎门数竿竹。试问是何境？九龙径路熟。

豫游春朝忆，光阴流水逐。偶展居节画，兴飞惠山谷。

茶　灶

置处传无突，抱来喜有峰。傍根堆碎石，炊陉燃枯松。

辛苦那觉疲，功夫不惜重。安得逢髻神，美女装艳浓。

茶　焙

二尺凿碧岩，一方编绿竹。慢煨琼液干，不碍灵髓馥。

去湿弗欲燥，戒烈惟取燠。花脯与杉林，可试云浆渥。

茶　鼎

听松传朴制，竹鼎圬灰白。肖之不一足，置傍幽斋壁。

高僧缅逸韵，雅人试仙液。颇复有伧父，谓之遭水厄。

茶　瓯

色拟云一片，形似月满魄。问斯造者谁？ 越人与邢客。

落底叶瓣绿，浮上花乳白。何用谢嘔埞，直可罢履屐。

煮　茶

皮陆首倡和，清词寄真静。文翁继其韵，契神非认影。

居节只为图，识高兴亦永。拈毫赓十章，如置身其境。

乾隆在诗中肯定了唐代陆羽对于茶的贡献，陆羽《茶经》为茶学开端，继而茶学形成；记述了唐代茶瓯产地越窑与邢窑正是“南青北白”瓷器的代表。在乾隆笔下，我们还可以看到煮茶器的变化，它从唐代皮陆时的铁鼎，发展到文徵明的石鼎，到了十全老人乾隆这里又变成了风雅的“听松传朴制，竹鼎垮灰白”的竹鼎——惠山竹茶炉。竹茶炉即以竹子作篾，编织成装饰纹路围在泥炉的四周，用于煮水烹

杭州西湖龙井村“十八棵”御茶树

茶。乾隆帝曾南巡至江苏无锡惠山听松庵，见到那里的僧人用竹炉煮水烹茶，一下喜欢上了它，返京后遂命人仿制，造品茗专室“竹炉精舍”，每入其内均用仿自惠山听松庵的竹炉煮水烹茶，并于诗中写道：“因爱惠泉编竹炉，仿为佳处置之俱。”在诗中我们还可以看到乾隆对自己亲临杭州龙井观茶采茶的回忆，那时被乾隆御封的十八棵龙井御茶树，至今还在西湖龙井村中繁衍生息。

清代竹茶炉（故宫博物院藏）

炒青初现中晚唐

众所周知，炒茶需要烹饪中炒菜技法的出现方可实行，

而炒菜的前提条件是金属锅与植物油的配合使用。

在唐代，于制茶工艺史上具有重大意义的事件是绿茶蒸青工艺的使用。成书在713—741年间的唐代孟诜的《食疗本草》是世界上现存最早的食疗专著，集古代食疗之大成，孟诜在书中录述了如下文字："又茶主下气，除好睡，消宿食，茶，当日成者良。蒸、捣经宿，用陈故者……"这是目前能看到的最早的有关蒸青绿茶制法的记载。一个常识，制茶工艺中的揉捻工艺是在元代才出现的。元代农学家王祯约在公元1300年时写就了总结中国农业生产经验的农学著作《农书》。王祯《农书》对揉捻工艺做了明确记载："采讫，以甑微蒸，生熟得所。蒸已，用筐箔薄摊，乘湿略揉之。"揉捻工艺的诞生，是制茶史上的里程碑事件，它的出现产生了三个巨大的作用：一、通过揉捻，令茶叶的条形紧实，有效缩小了散茶的体积，更加便于储

揉捻中的红茶翘楚——武夷山桐木关金骏眉

存与运输。二、通过揉捻令茶叶内部细胞破碎，大大提高了茶叶内含物质的浸出率，为明代散茶瀹泡法的大流行做好了铺垫。三、通过揉捻，为氧化、发酵程度更高的新茶类的出现提供了必要的技术准备。

《食疗本草》《农书》中的这些文字记载综合起来可以说明一个问题，唐代初期及其之前的干茶或饼茶都是没有经过蒸青与揉捻的茶，显而易见，这些没有经过杀青与揉捻的茶只能属于白茶。另外有一种说法，在秦汉以前的巴蜀地区可能已经出现了原始炒青或蒸青绿茶。只能说有两种可能，一种可能是这个情况仅是一种可能。另一种可能是这些工艺在上述区域出现了，但由于地理闭塞或其他原因未能传而广之，到目前为止，笔者还未看到有关于此的任何确凿的文字记录。尤其炒青，可能性更不大，众所周知，炒茶需要烹饪中炒菜技法的出现方可实行，而炒菜的前提条件是金属锅与植物油的配合使用。

文献对炒菜的最早记载，出现在南北朝时北魏末年农学家贾思勰约在公元533—544年间所著的一部综合性农学著作《齐民要术》当中。用今天的话来解读，“齐民要术”的意思就是“平民百姓获取日常生活资料所必需的重要技术”。在《齐民要术》卷六《养鸡第五十九》中贾思勰如是写道：“炒鸡子法：打破，着铛中，搅令黄白相杂。细擘葱白，下盐米、浑豉，麻油炒之，甚香矣。”意思是说炒鸡蛋的方法如下，把鸡蛋打破倒在锅里，搅到黄白和匀。再加上擘碎了的葱白，放盐粒、整粒豆豉，用麻油炒一炒，很香很好吃。这多有意思，一千四百多年前文字记载的中国历史上这道有油、有盐、配葱、配豆豉的最早的炒菜居然是我们日常生活中最常见的炒鸡蛋，可

洞庭碧螺春炒制中

见长盛不衰的东西还是在人间烟火里。《齐民要术》卷八《作酱法第七十》亦有："临食，细切葱白，着麻油炒葱，令熟，以和肉酱，甜美异常也。"可见，金属锅、植物油的结合使用出现于南北朝时期，在那时方有了真正意义的炒菜技术，这也就为后世茶叶的炒青工艺出现打下了基础。

文献对炒青绿茶的记载出现在唐代中晚期。唐代中晚期著名诗人刘禹锡（772—842）有《西山兰若试茶歌》一首："山僧后檐茶数丛，春来映竹抽新茸。宛然为客振衣起，自傍芳丛摘鹰觜。斯须炒成满室香，便酌砌下金沙水。骤雨松声入鼎来，白云满碗花徘徊。悠扬喷鼻宿酲散，清峭彻骨烦襟开……""斯须炒成满室香"句表明属于小众的炒青茶在中晚唐出现了。"悠扬喷鼻"，用得真是贴切，恰如其分地表达出炒青绿茶的香气高于蒸青绿茶。用今天的眼光看，在唐代，中国的茶类只有白茶、蒸青绿茶、炒青绿茶三种存在形式。

其时刘禹锡记录了炒青工艺，但并未贴切地使用“炒青”二字，“炒青”二字的出现是在南宋陆游（1125—1210）《安国院试茶》诗的自注中。《安国院试茶》诗说：“我是江南桑苎家，汲泉闲品故园茶，只应碧缶苍鹰爪，可压红囊白雪芽。”其后陆游注道：“日铸则越茶矣，不团不饼，而曰炒青，曰苍鹰爪，则撮泡矣。” 这个注中还提到了饮茶的“撮泡”法，可见“撮泡”在南宋已经出现，但是未流行起来。陆游的提法比 1593 年明人陈师《茶考》中“杭俗，烹

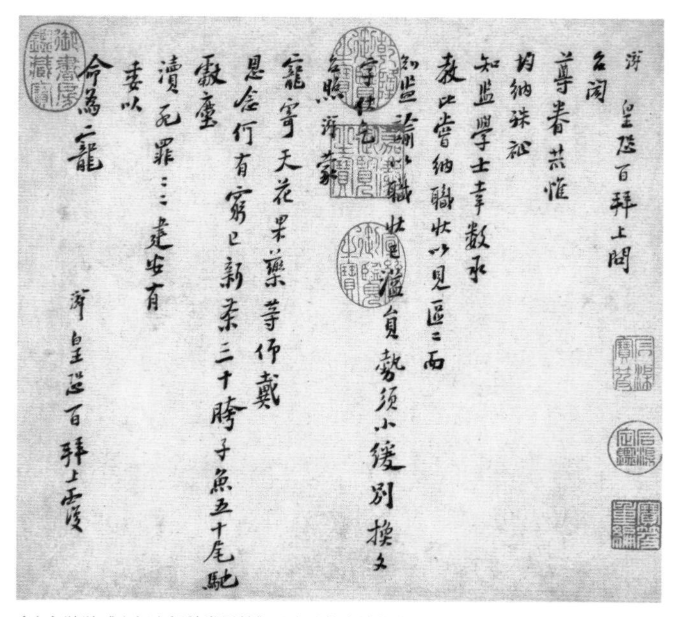

〔宋〕陆游《上问台闳尊眷尺牍》（台北故宫博物院藏）

茶用细茗置茶瓯，以沸汤点之，名为‘撮泡’”的提法早了四百多年。陆游是南宋品茶大家，有涉及茶事的《上问台阁尊眷尺牍》传世，尺牍以行书写成，内容为答谢回赠友人新茶三十胯、子鱼五十尾，从中反映了茶被宋人作为日常往来交谊的礼品。

随着陆羽《茶经》的问世，唐人采茶一改历代秋采或春采冬叶的方式。陆羽在《茶经·三之造》中说："凡采茶，在二月、三月、四月之间。"唐代使用的是现在的农历，它的采摘期是现在公历的三月、四月、五月间，茶叶春采的习惯逐步形成。《旧唐书·本纪》卷十七记载了唐文宗在太和七年（833）颁布的法令中规定了茶叶春采："春正月乙丑朔……吴蜀贡新茶，皆于冬中作法为之，上务恭俭，不欲逆其物性，诏所供新茶，宜于自春后造。"

唐茶春采情形于诸多唐诗中可见。白居易（772—846）《谢李六郎中寄蜀茶》诗有："红纸一封书后信，绿芽十片火前春。"唐文宗时拜相的李德裕（787—850）在《忆茗芽》中讲："谷中春日暖，渐忆掇茶英，欲及清明火，能销醉客醒。"大中十年（856）进士李郢在《茶山贡焙歌》里说："春风三月贡茶时，尽逐红旌到山里……十日王程路四千。到时须及清明宴，吾君可谓纳谏君。"李咸用（约883年前）《谢僧寄茶》也有："倾筐短甑蒸新鲜，白纻眼细匀于研，砖排古砌春苔干，殷勤寄我清明前。"

寒食节在清明节前一或二日，古时寒食节禁火，因晋文公的"火烧介子推于绵山"之故。介子推死后晋文公后悔不已，将其葬于绵山，并下令在介子推死难之日禁火寒食，以寄哀思，"寒食节"即由是而来。上文"火前春""清明火""春风三月""清明前"均是

清明前的春茶

指清明节以前。《茶经·九之略》中也有“若方春禁火之时，于野寺山园，从手而掇，乃蒸，乃舂，乃复以火干之”之语。

茶史之中有趣事

王敷用拟人的手法，赋予了茶、酒二人不同的脾气秉性，

不同的价值追求，对于谁才是“老大”这个争论焦点，

茶、酒二人展开了火药味十足却又妙趣横生的辩论。

唐褐彩诗文盏，题“岭上平看月，山头坐唆风。心中一片气，不与女人同”（湖南博物馆藏）

香山九老雅集上，茶、酒二位在桌案上可称得上是一团和气，彬彬待人，却不知这“两人”曾几何时竟也差点“动手打起架来”，此事就记载在发现于敦煌的一篇变文，即唐代乡贡进士王敷写就的《茶酒论》中。王敷，生平不可考，但从文内有关茶事描写的文字内容可判断文章应作于中晚唐。王敷用拟人的手法，赋予了茶、酒二人不同的脾气秉性，不同的价值追求，对于谁才是“老大”这个争论焦点，茶、酒二人展开了火药味十足却又妙趣横生的辩论。最后由“水”出场调停，水用“和谐”这个价值观平息了此次事端，茶、酒二人心服口服，辩论得以告终。“上善若水，水善利万物而不争。”茶、酒、水三者的这场争辩从更深层的角度来看，恰恰是汉唐以降儒释道三教的论衡与交融。这场《茶酒论》于争辩中道出了唐代茶叶的产地、功用、入贡、商品市场状况，甚至茶在寺院使用情况等内容，可视为一篇难得的民间茶史资料。文章着实有趣，简直就是一幕鲜活的舞台喜剧，略录几段，茶友一观：

窃见神农曾尝百草，五谷从此得分；轩辕制其衣服，流传教示后人。仓颉致（制）其文字，孔丘阐化儒因。不可从头细说，撮其枢要之陈。暂问茶之与酒，两个谁有功勋？阿谁即合卑小，阿谁即合称尊？今日各须立理，强者光饰一门。

茶乃出来言曰："诸人莫闹，听说些些。百草之首，万木之花。贵之取蕊，重之摘芽。呼之名草，号之作茶。贡五侯宅，奉帝王家。时新献入，一世荣华。自然尊贵，何用论夸！"

酒乃出来："可笑词说！自古至今，茶贱酒贵……君王饮之，叫呼万岁，群臣饮之，赐卿无畏。和死定生，神明歆气。酒食向人，终无恶意。有酒有令，人（仁）义礼智。自合称尊，何劳比类！"

茶为（谓）酒曰："阿你不闻道：浮梁歙州，万国来求……？"

……

酒为（谓）茶曰："……致酒谢坐，礼让周旋，国家音乐，本为酒泉。终朝吃你茶水，敢动些些管弦！"

……

水为（谓）茶、酒曰："阿你两个，何用匆匆？……茶不得水，作何相貌？酒不得水，作甚形容？米曲干吃，损人肠胃。茶片干吃，只粝（艻）破喉咙。万物须水，五谷之宗……由自不说能圣，两个何用争功？从今已后，切须和同。酒店发富，茶坊不穷。长为兄弟，须得始终。若人读之一本，永世不害酒颠茶风。"

五代青瓷托盏（湖南省博物馆藏）

《清异录》一书记录了唐、五代时社会史、文化史方面的大量信息，涉及天文、地理、草木、花果、蔬药、禽兽、虫鱼、居室、器具、饮食、烹饪等诸多方面，对考证隋唐五代及宋初之典故有很高的历史价值。我们现在对宋代茶百戏、生成盏的一些了解即出自《清异录》，其记：

茶至唐始盛。近世有下汤运匕，别施妙诀，使汤纹水脉成物象者，禽兽虫鱼花草之属，纤巧如画。但须臾即就散灭。此茶之变也，时人谓之茶百戏。

馔茶而幻出物象于汤面者，茶匠通神之艺也。沙门福全生于金乡，长于茶海，能注汤幻茶，成一句诗，并点四瓯，共一绝句，泛乎汤表。小小物类，唾手办耳。檀越日造门求观汤戏，全自咏曰："生成盏里水丹青，巧画工夫学不成。却笑当时陆鸿渐，煎茶赢得好名声。"

《清异录》的作者陶穀（903—970），早年历仕后晋、后汉、后周，担任过户部侍郎、兵部侍郎、翰林学士等官职。后入北宋，任过礼部尚书、刑部尚书。五代末期，在陶穀身上发生过一个很是搞笑的故事，即其所作艳词《春光好》之囧事。据《南唐拾遗》记载，陶穀奉命代表后周出使南唐，其时南唐国势衰弱，陶穀便摆出大国使臣的架势，不苟言笑，态度十分傲慢，对南唐臣子出言不逊，众人皆怒其倨傲。这时候，韩熙载出来对大家说："陶穀貌似端庄，实伪君子，这种人我们必须要打击一下他的骄横气焰，我有办法，你们等着看吧。" 韩熙载便设计让名妓秦蒻兰扮作驿卒之女，将其安置在陶穀所居的馆驿中色诱陶穀。陶穀见秦蒻兰风姿绰约，楚楚动人，邪念萌动，又是曲意逢迎，又是百般调戏，秦蒻兰半推半就，假戏真做，遂成一夜之欢。陶穀写艳词《春光好》一首赠与秦蒻兰，词云："好因缘，恶因缘，奈何天，只得邮亭一夜眠。别神仙。琵琶拨尽相思调，知音少。待得鸾胶续断弦，是何年？" 陶穀中计，韩熙载得报大喜，立即奏与南唐中主李璟。第二天，李璟设宴招待陶穀，席间，陶穀正襟危坐，俨然君子之仪。寒暄已毕，一名宫伎怀抱琵琶出来献曲，歌词即是陶穀所赠《春光好》。陶穀大惊，仔细辨认，竟是自己昨晚赠词之女子，顿时面红耳赤，羞愧难当，恨不得找个地缝钻将进去，众人忍俊不禁。

有意思的是五百多年后，这个事被调皮的明人唐寅绘入了自己的《陶穀赠词图》中，大幽了陶穀一默。夜幕低垂，庭院一隅的湖石旁，一个小童子正吹火烹茶。院中树枝摇曳，颇有春风拂面之感。两座典雅的画屏之间燃着一根红烛，秦蒻兰体态端庄，发髻高耸，怀抱琵琶，纤细的手指轻拢慢捻于琴弦之上。陶穀随着乐声以手击节，目不转睛地欣赏着演奏中的秦蒻兰。有意思的是，两个人并没有眉来眼去，表意传情。于陶穀，是在显示他士大夫的礼仪和身份，装；在秦蒻兰，就是欲擒故纵，请君入瓮了。不得不说唐寅的画面安排得相当巧妙，如此文雅的画面下，任谁都不会想到苟且之事的发生。幽默辛辣的茶画中，唐寅在画作右上角题诗一首：“一宿因缘逆旅中，短词聊以识泥鸿。当时我作陶承旨，何必尊前面发红。”大幽陶穀一默的同时，唐解元也尖刻地嘲讽了达官显贵中的那些虚伪面目。

〔明〕唐寅《陶穀赠词图》（台北故宫博物院藏）

识茶当推蔡君谟

人会终老而逝，文化不会，蔡、周二人的斗茶是

中国茶文化史上的精彩一笔，历久弥新。

唐代采茶标准为陆羽《茶经·三之造》记载的："茶之笋者，生烂石沃土，长四五寸，若薇蕨始抽，凌露采焉。茶之芽者，发于丛薄之上，有三枝四枝五枝者，选其中枝颖拔者采焉。"《茶经·五之煮》又说："其始若茶之至嫩者，蒸罢热捣叶烂而芽笋存焉。"唐代的一尺约合现在的 30.6 厘米，五寸计为现在的 15.3 厘米。从这个长度来看，唐代茶青采摘是一芽三四叶，而在宋代制茶中茶青采得越来越细嫩，"芽如雀舌、谷粒者，为斗品"，"枪过长，则初甘重而终微涩"。

宋茶嫩采，是为了满足宋人品茶方式中点茶的需要，进而满足斗茶活动的需要。何为斗茶？斗茶，也称"茗战"，它是古人以某种约定俗成的品饮方式对茶之品质优劣进行比较的一种活动。宋徽宗赵佶在其《大观茶论》中为此事给出了堂皇的理由，"茶之为物，擅瓯闽之秀气，钟山川之灵禀，祛襟涤滞，

湖州长兴顾渚山长于烂石沃土上的野生茶树

致清导和……中澹闲洁，韵高致静”，其时“百废俱兴，海内晏然，垂拱密勿，幸致无为。缙绅之士，韦布之流，沐浴膏泽，熏陶德化，盛以雅尚相推，从事茗饮”，“天下之士，厉志清白，竞为闲暇修索之玩，莫不碎玉锵金，啜英咀华。较筐筥之精，争鉴裁之妙；虽下士于此时，不以蓄茶为羞，可谓盛世之清尚也”。宋人生活中，上至宫廷，下及百姓均乐此不疲。

宋代点茶的流程是：炙茶—碎茶—碾茶—罗茶—候汤—熁盏—点茶。蔡襄《茶录》讲：“炙茶，茶或经年，则香色味皆陈。于净器中以沸汤渍之，刮去膏油一两重乃止，以钤箝之，微火炙干，然后碎碾。若当年新茶，则不用此说。”点茶前，需先把盏烤热，接着视盏之大小用茶匙取碾后罗好的茶末放入青黑色盏中。煮好水，先注入少许汤水，把茶膏调制均匀，并用金属茶匙或竹制的茶筅在盏中“回环击拂”，“回环击拂”可以理解为有技巧地搅拌。再经过几次注水及“回环击拂”后，去较量此时“色贵青黑”的茶盏内部空间表面泛起的白色乳花及咬盏情况，乳花越白、咬盏时间越长则为胜。为了斗茶过程中乳花色更白、咬盏时间更长久，宋人对大小龙团、龙园胜雪、白茶等品类进行了极致变态的追求。文艺青年宋徽宗曾不无炫耀地说：“故近岁以来，采择之精，制作之工，品第之胜，烹点之妙，莫不盛造其极。”宋人蔡绦在笔记《铁围山丛谈》中记道：“茶之尚，盖自唐人始，至本朝为盛，而本朝又至祐陵时益穷极新出，而无以加矣。” 以皇家为首的茶饮由此逐步走向了奢靡。

斗茶时遵守的“茶色贵白”的标准并不是一蹴而就，而是逐步确立的。五代、宋初，时人延续的依旧是唐代茶色以绿为美的品饮

宋代点茶流程图

标准，此于五代人郑遨《茶诗》“惟忧碧粉散，常见绿花生。最是堪珍重，能令睡思清”与北宋范仲淹（989—1052）《和章岷从事斗茶歌》诗“黄金碾畔绿尘飞，碧玉瓯中翠涛起”中可见。其后，宋庆历年间（1041—1048），蔡襄到福建做转运使，他改造北苑制茶工艺，从品质花色入手，首创小龙团茶，超过了丁谓创制的龙团凤饼。《宣和北苑贡茶录》载：“自小团出，而龙凤遂为次矣。”欧阳修《归田录》记：“茶之品，莫贵于龙凤，谓之团茶，凡八饼重一斤。庆历中，蔡君谟为福建路转运使，始造小片龙茶以进，其品绝精，谓之小团。凡二十饼重一斤，其价直金二两。然金可有而茶不可得，每因南郊致斋，中书、枢密院各赐一饼，四人分之。宫人往往缕金花于其上，盖其贵重如此。”皇祐三年（1051），蔡襄奉诏返京面圣，宋仁宗夸赞了蔡襄任福建转运使时“所进上品龙茶最为精好”。蔡襄退朝后，萌生书写《茶录》之意。他在《茶录》自序里说：“臣前因奏事，伏蒙陛下谕，臣先任福建转运使日所进上品龙茶最为精好。臣退念草木之微，首辱陛下知鉴，若处之得地，则能尽其材。昔陆羽《茶经》，不第建安之品；丁谓《茶图》，独论采造之本。至于烹试，曾未有闻。臣辄条数事，简而易明，勒成二篇，名曰《茶录》。伏惟清闲之宴，或赐观采，臣不胜惶惧荣幸之至。谨叙。” 蔡襄《茶录》言少旨精，为宋代饮茶的理论基础。此后茶之汤色渐以白为美。

蔡襄《茶录》开篇即提出了“茶色贵白”的标准，他说：“茶色贵白……既已末之，黄白者受水昏重，青白者受水鲜明，故建安人斗试，以青白胜黄白。”至宋徽宗时“青白”又败在“纯白”的脚下，

南宋建窑兔毫盏、剔犀盏托（大英博物馆藏）

宋徽宗在《大观茶论》中说“盏色贵青黑”，“点茶之色，以纯白为上真，青白为次，灰白次之，黄白又次之。”蔡襄《六月八日山堂饮茶》诗曾将宋茶之白喻作“雪花”：“湖上画船风送客，江边红烛夜还家。今朝寂寞山堂里，独对炎晖看雪花。”可想见其白。于是宋人采茶越采越嫩，《诗话总龟》引徽宗年间胡舜陟《三山老人语录》：“茶之佳品造在社前；其次则火前，谓寒食前也；其下则雨前，谓谷雨前也。佳品其色白，若碧绿者乃常品也。茶之佳品，芽蘖细微，不可多得；若此数多者，皆常品也。茶之佳品，皆点啜之；其煎啜之者，皆常品也……齐己诗：‘角开香满室，炉动绿凝铛。’丁谓诗曰：‘末细烹还好，铛新味更全。’此皆煎啜之也。煎啜之者，非佳品矣。唐人于茶，虽有陆羽为之说，而评论未精。至本朝，蔡君谟《茶录》既行，则持论精矣。”

宋朝政治开明，儒学复兴，是中国历史上商品经济、对外贸易、文化教育、科学创新高度繁荣的时代。陈寅恪先生说：“华夏民族之文化，历数千载之演进，造极于赵宋之世。”于此，茶事大兴。宋人说“盖人家每日不可缺者，柴米油盐酱醋茶”，“茶非古也，源于江左，流于天下，浸淫于近代。君子小人靡不嗜也，富贵贫贱靡不用也。”北宋著名画家张择端笔下的《清明上河图》中就留存下了北宋都城开封城内酒楼茶肆的影像。南宋《梦粱录》记录市场茶肆情形：

今之茶肆，列花架，安顿奇杉异桧等物于其上，装饰店面，敲打响盏歌卖，止用瓷盏漆托供卖，则无银盂物也。夜市于大街有车担设浮铺点茶汤，以便游观之人。大凡茶楼多有富室子弟、诸司下直等人

〔北宋〕张择端《清明上河图》局部之酒肆茶馆（故宫博物院藏）

会聚，习学乐器上教曲赚之类，谓之“挂牌儿”。人情茶肆，本非以点茶汤为业，但将此为由，多觅茶金耳。又有茶肆专为五奴打聚处，亦有诸行借工卖伎人会聚行老，谓之“市头”。大街有三五家开茶肆，楼上专安着妓女，名曰“花茶坊”……更有张卖面店隔壁黄尖嘴蹴球茶坊，又中瓦内王妈妈家茶肆名一窟鬼茶坊，大街车儿茶肆，蒋检阅茶肆，皆士大夫期朋约友会聚之处。巷陌街坊，自有提茶瓶沿门点茶，或朔望日，如遇吉凶二事，点送邻里茶水，倩其往来传语。又有一等街司衙兵百司人，以茶水点送门面铺席，乞觅钱物，谓之“龊茶”。僧道头陀欲行题注，先以茶水沿门点送，以为进身之阶。

想见其时茶于百姓生活之盛。此际，与宋并存的辽、金两国在中原文化的影响下亦形成了与宋相近的饮茶习俗。

如此时代下，茶人茶事自是不凡。让我们先来说说《茶录》的作者蔡襄吧。蔡襄（1012—1067）字君谟，宋仁宗年间进士，书法家、文学家、茶学家，宋代茶学理论的奠基人。

我们知道，为了汤色、乳花的白美，白茶为宋人斗茶时所用的极品茶，这个白茶不是我们当今所说六大茶类中的白茶，而是指如安吉白茶、武夷白鸡冠这类因低温导致叶绿素缺失而使茶树叶片呈现白色的茶树品种。这种茶树在宋代非常罕见，其所出茶为宋代斗茶珍品。关于白茶的最早记载见于北宋庆历初年（1041）吴兴人刘异所撰《北苑拾遗》，其记：“官园中有白茶五六株，而壅焙不甚至。茶户唯有王免者，家一巨株，向春常造浮屋以障风日。”大约著于治平初年（1064）前后的宋子安的《东溪试茶录》记：“茶之名有七，一曰

北京石景山金代墓壁画《点茶图》

河北宣化辽墓壁画《备茶图》

白叶茶，民间大重，出于近岁，园焙时有之。地不以山川远近，发不以社之先后，芽叶如纸，民间以为茶瑞，取其第一者为斗茶，而气味殊薄，非食茶之比。”从这两部茶书的记录来看，白茶数量稀少，它的生长形态、味道与普通茶有很大区别，尤其难以焙制，其后宋徽宗在《大观茶论》里说：“白茶自为一种，与常茶不同，其条敷阐，其叶莹薄。崖林之间，偶然生出，虽非人力所可致。有者不过四五家，生者不过一二株，所造止于二三銙而已。芽英不多，尤难蒸焙，汤火一失，则已变而为常品。须制造精微，运度得宜，则表里昭澈，如玉之在璞，他无与伦也。”宋徽宗的金口玉言令白茶名声大振，拔得头筹，所以有了熊蕃《宣和北苑贡茶录》中所说：“今上亲制《茶论》

低温导致叶绿素缺失而使茶树叶片呈现白色

二十篇，以白茶与常茶不同，偶然生出，非人力可致，于是白茶遂为第一。”

在《蔡忠惠公文集·茶记》中，蔡襄记录了自己与白茶的一件逸事：“王家白茶，闻于天下，其人名大诏。白茶唯一株，岁可作五七饼，如五铢钱大。方其盛时，高视茶山，莫敢与之角。一饼直钱一千，非其亲故，不可得也。终为园家以计枯其株。予过建安，大诏垂涕为余言其事。今年枯蘖辄生一枝，造成一饼，小于五铢。大诏越四千里持携以来京师见予，喜发颜面。予之好茶固深矣，而大诏不远数千里之役，其勤如此，意谓非予莫之省也，可怜哉！”

王大诏家的白茶只有一株，虽然每年只能做出如五铢钱大的茶饼五到七饼，但名扬天下。然而这却遭到了同行的嫉妒、加害，有人将大诏家的白茶树搞枯萎了。那时蔡襄正好路过建安，王大诏哭着向蔡襄诉说了此事。其后天意垂怜，枯木发了新枝，王大诏喜出望外，用从新枝采下的茶叶做出了一饼比五铢钱还小的茶饼，不远千里之遥亲自将这难能可贵的白茶饼带到京师送给了蔡襄。“只与知者言”，王大诏千里送白茶给蔡襄，与其说送的是茶，不如说送的是颗情真意切的心，这是茶人间的惺惺相惜，此举令蔡襄倍加感动。王大诏与蔡襄着实配得上“真茶人”三字。

蔡襄于茶之精，其时茶界无有第二。宋人彭乘《墨客挥犀》说：“蔡君谟，议茶者莫敢对公发言；建茶所以名重天下，由公也。后公制小团，其品尤精于大团。一日，福唐蔡叶丞秘教召公啜小团。坐久，复有一客至，公啜而味之曰：‘此非独小团，必有大团杂之。’丞惊，呼童诘之，对曰：‘本碾造二人茶，继有一客至，造不及，即以大团兼之。’丞神服公之明审。” 因为突有宾客来，导致茶童来不及赶制出更多的茶量，所以临时使用过去碾好的大团茶凑数，被精于此道的蔡襄一品即明。

类似的事情在建安能仁院也发生过，明代陈仁锡《潜确居类书》记其事：“蔡君谟善别茶。建安能仁院有茶生石缝间，盖精品也。寺僧采造得八饼，号石岩白，以四饼遗君谟，以四饼密遣人走京师遗王内翰禹玉。岁余，君谟被召还阙，过访禹玉。禹玉命子弟于茶筒中选精品碾以待蔡。蔡捧瓯未尝，辄曰：‘此极似能仁寺石岩白，公何以得之？’禹玉未信，索帖验之，乃服。”此事更说明蔡襄于茶之了得，“捧瓯未尝”，蔡襄只是看了一下茶瓯当中的汤水状态就断定出了此茶为石岩白。

那么，如此了得的蔡君谟就没有遇到过对手吗？有，治平二年（1065）蔡襄知杭州的时候，斗茶败给了一个女子，这个秀美聪慧、茶艺高超的女孩名叫周韶，周韶为彼时官妓。苏轼《天际乌云帖》记此事更多内容：“杭州营籍周韶，多蓄奇茗，常与君谟斗，胜之。韶又知作诗。子容过杭，述古饮之，韶泣求落籍。子容曰：‘可作一绝。’韶援笔立成曰：‘陇上巢空岁月惊，忍看回首自梳翎。开笼若放雪衣女，长念观音般若经。’韶时有服，

清人绘蔡襄画像

衣白，一坐嗟叹。遂落籍。”

中国的娼妓制度始于战国管仲时，蔡襄、苏东坡生活的时代是有官妓的，那时官妓是为国家所养的有单位编制的职工，她们为官府提供娱乐服务，当时宋人官场生活的一部分就包括公务宴请、歌伎酒筵。她们大多受过良好的教育，诗词歌赋，琴棋书画，声歌弄舞，均有造诣。有的人还有特殊的本事，比如大败蔡襄的周韶，此女就“多蓄奇茗”，极善茶事，会其面者均为其精湛的才艺所折服。

茶之大家蔡襄因何败于周韶呢？苏轼没有详述，也未见其他史料有更具体的记载。我们不妨根据宋代文献及传世文物做一番大胆的推测，试着还原其时蔡、周二人斗茶的精彩场景，也顺带感受一下宋人的斗茶风流。

无规矩不能成方圆，在玄想精彩的蔡周“斗茶”之前，我们先来看一下，在宋代，斗茶的规则是什么，如何区分胜败？斗茶较量的是茶人点茶后导致“色贵青黑”的茶盏内泛起的乳花及咬盏情况。乳花在宋代有很多的名称，有的叫云脚，有的叫乳花，有的叫琼花。乳花是指在“回环击拂”的情况下盏面凝聚起的色白如花的浮沫，亦即《荈赋》所言，“焕如积雪，晔若春敷”，陆羽所述的“沫饽，汤之华也”，“重华累沫，皤皤然若积雪耳”。沫饽可以理解为空气被茶末与水的混合物所分割包围成体积不等、交叠在一起的小气泡。所谓咬盏，《大观茶论》里说：“乳雾汹涌，溢盏而起，周回凝而不动，谓之咬盏。”泛起乳花的茶汤与茶盏内壁二者相接处的痕迹，宋人形象地将此描述为这是汤水“咬”盏的地方。茶汤细腻黏稠、乳花丰富，可紧咬盏壁，久聚不散；若汤花不能持续咬盏则会散开退下，那

在黑釉茶盏内点茶

么汤与盏相接的地方会立即露出痕迹，这就是所谓的“水痕”。评判胜负的标准是“汤上盏，可四分则止，视其面色鲜白，著盏无水痕为绝佳。建安斗试，以水痕先者为负，耐久者为胜，故较胜负之说，曰相去一水、两水”。宋代茶盏容量为 300 毫升左右，“一钱匕”是指一个五铢钱能够抄起的最大容量，投入盏内的“一钱匕”茶末的量约为 1.5 到 1.8 克。斗茶者将适量的水注入盏内，然后回环击拂，谁点出的乳花颜色更白，谁的汤水咬盏时间更长，谁的盏内迟于对手现水痕，谁就是赢家。而乳花的好看、汤水咬盏时间的长久又取决于点茶时所用之水、茶末品质的高低与点茶技巧，此三者为斗茶制胜的关键所在。

水的选择以“清轻甘洁”为上，我们设定二者所用均为虎跑泉水。茶叶品质由什么因素决定呢？依照蔡襄《茶录》所讲，产地要好，“唯北苑凤凰山连属诸焙所产者味佳”；保存得要好，“收藏之家，以蒻叶封裹入焙中，两三日一次，用火常如人体温”。茶末品质方面，可以想见，位高权重又身兼宋茶宗师的蔡襄所用应为其本人所创、源出北苑的小龙团茶，“其品绝精……其价直金二两。”蔡襄的小龙团在彼时的欧阳修《归田录》中被述为“然金可有而茶不可得，每因南郊致斋，中书、枢密院各赐一饼，四人分之。宫人往往缕金花于其上，盖其贵重如此”。常理下这种茶周韶是无法得到的，所以面对茶界翘楚蔡襄，她出“奇茗”。“奇茗”是什么来头我们无从可考，但可以肯定的是必为不凡之品，否则聪慧的周韶是没有底气挑战蔡襄的，所以就茶品来讲，二人应是不分伯仲。

点茶技巧由什么因素决定呢？宋代点茶的流程是：炙茶—碾茶—

罗茶—候汤—熁盏—点茶。需先把盏烤热，接着视盏之大小用茶匙取碾后罗好的茶末入盏。煮好水，先注入少许汤水，把茶膏调制均匀，接着再注水若干并用金属茶匙或竹制的茶筅在盏中“回环击拂”。“回环击拂”可以理解为有技巧地搅拌。需要知道的是，宋初用茶匙击拂，宋中后期则用竹筅。如蔡襄《茶录》所记：“茶匙要重，击拂有力。黄金为上，人间以银铁为之。竹者轻，建茶不取。”北宋欧阳修《尝新茶呈圣俞》“停匙侧盏试水路，拭目向空看乳花”，北宋毛滂《谢人分寄密云大小团》“旧闻作匙用黄金，击拂要须金有力”说的都是以茶匙击拂。北宋末年，比蔡襄晚生七十年的宋徽宗赵佶在其《大观茶论》中提倡以茶筅取代茶匙击拂：“茶筅以筋竹老者为之，身欲厚重，筅欲疏劲，本欲壮而末必眇，当如剑脊之状。”由北宋入南宋的韩驹《谢人寄茶筅子》中有“看君眉宇真龙种，犹解横身战雪

河北宣化辽墓壁画《点茶图》局部“茶匙击拂”

涛”，南宋刘过《好事近·咏茶筅》中有“谁斫碧琅玕，影撼半亭风月。尚有岁寒心在，留得数根华发。龙孙戏弄碧波涛，随手清风发。滚到浪花深处，爱一瓯香雪”，这些语句都形象地描绘了其时竹质茶筅的功效。此时蔡、周二人用来击拂的工具应为茶匙。

可见，点茶技巧首先需对选用的水、茶之性状了然于胸，其次取决于对炙茶、碾茶、罗茶、候汤、熁盏、调膏、击拂等操作环节的熟练程度，这里面最难的是候汤，“候汤最难。未熟则沫浮，过熟则茶沉。前世谓之蟹眼者，过熟汤也。沉瓶中煮之不可辩，故曰候汤最难。”

行文至此，流程已明。接着让我们的思绪来到斗茶现场，看看已经就座的蔡、周二位选手吧。

为了今天的斗茶，此时蔡襄知府衙门的花厅正中临时对放了两个相同的条案，每个条案右侧置贮水坛一只，内有水勺；四腿方形宽口炭炉一只，上有“嘴之末欲圆小而峻削”的银质小汤瓶煮水，火正旺。案面上的物件相同，摆有安放于剔犀盏托之上、“玉毫条达”的兔毫盏一只。此盏微厚色黑，微厚利于保温，色黑燠发茶色；底深口宽，底深利于击拂发力，口宽利于观赏乳花及咬盏情况。半寸的檀木小架上支着一柄黄金茶匙，茶匙旁平置一尺二寸小铁夹，敞开的瓷质茶盒里装着双方各自带来的炙好、碾毕又过了细罗的茶末。

54 岁的蔡襄未穿官服，黑色软幞头，紫色圆领窄袖衣。方面，大耳，高鼻梁，俊眉朗目，一副黑灰相间的长髯飘洒前胸。此刻的他安坐于椅，二目微闭，袖面高挽，双手置于双膝之上，端庄严谨。对面的条案后坐着位桃李年华的姑娘，正是周韶。藕荷色上身，鹦哥儿绿的百褶裙。瓜子儿脸，杏核眼，樱桃口，淡扫蛾眉，耳坠碧珠，乌云般的发髻上别着根翠绿的玉簪。姑娘身上散着淡淡兰香，飘飘渺渺，若有若无，引人遐想无限。

“开始”，随着评判官语出，蔡、周二人遂侧耳，仔细辨着汤瓶中的水声。花厅内的观者，或立或坐，屏息凝神，也都跟着听水。偌大的空间一片寂然，连一根针落地都会被聆得清清楚楚。此时瓶中隐隐有“砌虫声唧唧万蝉鸣”之音，初沸了。少顷，汤瓶中发出“忽有千车稇载而至”之响，是二沸。周韶、蔡襄出奇一致地用夹子夹起案上的兔毫盏置火上微熁，熁盏的目的是令其保持热度，“冷则茶不浮”，盏凉的话，漂浮起来的白色乳花就不会多。须臾，又“听得松风并涧水”之音汩汩而来，正是三沸。蔡襄、周韶不约而同地伸左手提汤瓶，右手夹烤热了的茶盏回放于盏托，并迅速地“钞茶一钱匕”入盏，提瓶注汤少许，以金匙调和茶末，使之均匀成膏。调毕，蔡襄抬头，周韶正迎其目，二人相视，会心一笑，蔡襄说“姑娘请”，姑娘道“老大人请”，于是二人接着注水入盏，并以黄金茶匙在盏内环回击拂，此正应了蔡襄“茶匙要重，击拂有力。黄金为上”之法。为何此时注水？皆因“瀹茶之法，汤欲嫩而不宜老，汤嫩则茶味甘，老则过苦矣”。点茶时，茶、水比例一定的条件下，水温烧得恰到好处，茶汤甘甜，说明这个温度下茶叶内含物质的浸出程度达到了五味调和的状态；水温过高，会加大苦涩的咖啡碱及酚类物质浸出增多，进而导致汤水苦涩。“未熟则沫浮，过熟则茶沉”，如果水温未达到一定高度，那么点茶时茶沫就会浮于水面；如果水温烧得过高，点茶时茶末就会沉入水底，无法生发出绚美多姿的乳花。听水点茶是令一盏妙幻茶汤随机而现的技巧，亦是人茶一体的境界，非常人可行。

细观，二人此际击拂方法大不相同。蔡大人左手稳盏，右手茶匙于盏中顺时针旋动，旋动中夹杂侧上之力，且击且旋，发力均匀，不一会儿水汽渐起，出于汤面，恍如缕缕白雾自山谷渐渐升起，越积越厚，继而成云，一眼望去，一片白茫。云雾在黄金匙下你追我赶，轻拢漫涌，忽如平地铺絮，忽如群茶展颜，忽如山谷堆雪，忽如素马攀峰，变化多姿，妙趣横生。转顷四聚，此时汤面挂于盏壁，不再升腾，宛若云瀑。咬盏了。

再看周韶，姑娘伸玉臂，探笋指，左握毫盏，右持茶匙，指绕腕旋，轻击汤面数下，再直入盏底，上下透击，转瞬，汤面平白，缀气泡寥寥，似疏星伴月，灿然而生，四下一片惊奇。没等众人仔细端详，周韶突然发力，匙拂汤心，同环旋复，星月转瞬即逝，如粟米、蟹眼般的小泡应运而生，渐生渐聚，泡沫更加细小，肉眼已经很难分辨，汤面于此加持下愈加色白，若云雾初生，沿壁升扬。周韶见状立即闭气，击拂越加快起，藕荷外衣下的玉臂此时开始协腕发力，粉面亦微微泛红。再看此时的汤面，恰似钱塘高昂潮头之凌厉，卷云拥雪，压江而来，乳雾汹涌，浩浩汤汤，溢盏跃升，大有夺盏而出之势，观者心悬。此时姑娘手腕猛地连转三圈，骤然抽匙而出，再看乳雾，四周回旋而渐慢，不再升动，已然咬盏。

点茶，点的不仅仅是汤水，也是借由茗茶生发千般变化的意境，意境即心境，妙于此者，无往不利。

此时正好评判官一声“且住”，蔡襄止手，略沾额头细汗，微微点头，想是满意。“大人绝艺！”“大人高明！”“老大人真乃我大宋点茶第一高手！”……身边叫“好”之声立起。“妙，妙，妙！”“姑娘果然别有一番境界！”“好茶技！”……周韶这边的称赞之声也是此起彼伏。

片刻，众人拥至，目不转睛地盯着二人茶盏，只见蔡襄盏内乳花略散，汤与盏相接的地方露出水痕；周韶盏内，乳花依旧紧咬盏壁不散，未现水痕。“姑娘胜！”评判官一声高喊，四下欢腾。“大人相让了。”姑娘离座，来至蔡襄案前，翩翩万福。“哈哈，哪里，哪里，老夫我输得心服口服。嗯，人美艺高，相得益彰，但是别忙，改日还要与姑娘再斗一番！”蔡襄这一夸，周韶双颊绯红，赶忙笑应道：“全听大人吩咐，小女子奉陪就是。”蔡襄此败，无关技法；周韶此胜，非为艺高。蔡襄是宋茶之父，他的《茶录》言少旨精，为宋代饮茶的理论基础，普天下饮茶之人无不得益于之，无论周韶。周韶的胜出，是薪火相传，青出于蓝而胜于蓝，这是本因，这也是中国传统文化生生不息的源头。人会终老而逝，文化不会，蔡、周二人的斗茶是中国茶文化史上的精彩一笔，历久弥新。

《天际乌云帖》中说的子容即北宋名臣苏颂（1020—1101），官至刑部尚书、吏部尚书，元祐七年拜相。苏颂与蔡襄至交，苏颂经过杭州的时候，蔡襄已故去多年。苏颂是宋代杰出的天文学家、天文机械制造家、药物学家，也是一位爱茶大家。他在《太傅相公以梅圣俞寄和建茶诗垂示俾次前韵》的诗中就曾记录过建茶在北宋的崛起：“近来不贵蜀吴茶，为有东溪早露芽。二月制成输御府，经时犹未到人家。太官供罢颁三吏，东阁开时咏九华。从此闽乡益珍尚，佳章奇品两相夸。”

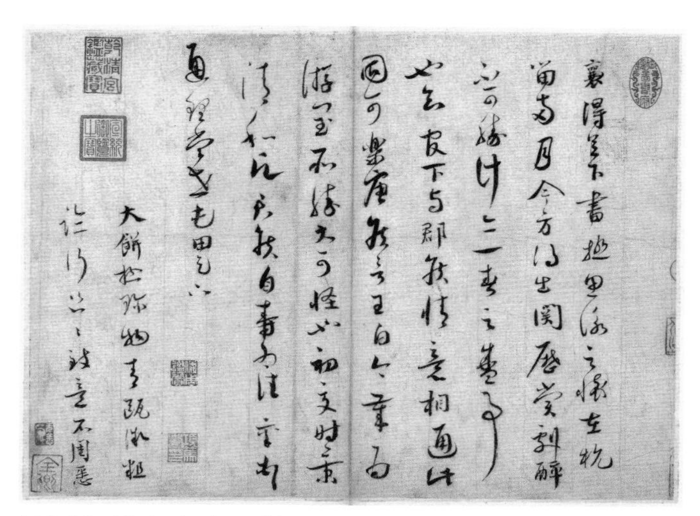

〔宋〕蔡襄《致通理当世屯田尺牍》(台北故宫博物院藏)

苏颂此次经过杭州，知府陈述古设宴款待，苏东坡、周韶在座。席中的周韶因家中有丧，故着一袭白色外衣，才艺出众的周韶向苏颂请求脱除妓籍，苏颂命她作绝句一首。周韶提笔立成，自比为笼中白鹦鹉“雪衣女”，众人为其高洁气质和纯真性格所感，“遂落籍”。经年，苏轼在自常州至润州(今江苏镇江)的途中，逢柳絮轻飞，有感而发，写就《常润道中有怀钱塘寄述古五首》，其中即有对周韶落籍一事的回忆：“草长江南莺乱飞，年来事事与心违。花开后院还空落，燕入华堂怪未归。世上功名何日是，樽前点检几人非。去年柳絮飞时节，记得金笼放雪衣。”

《宋史·列传》称：“襄工于书，为当世第一，仁宗由爱之。”作为书法名家又是爱茶人的蔡襄，生活中当然少不了涉及茶事的文字，他为后世留下了多幅涉及茶事的书法作品，这可让我们窥见其时人们日常生活中有关于茶的一些面貌。

宋皇祐二年（1050）十一月，蔡襄应诏从福建出发，赴京师任新职。途中他在杭州逗留了两个月，交游玩赏，于此间结交了皇祐元年的状元冯京。离开杭州的时候，冯京与蔡襄道别，蔡襄回信一封给冯京，这就是现保存于台北故宫博物院的《致通理当世屯田尺牍》。《致通理当世屯田尺牍》亦名《思咏帖》，内容如下：

襄得足下书，极思咏之怀。在杭留两月，今方得出关。历赏剧醉，不可胜计，亦一春之盛事也。知官下与郡侯情意相通，此固可乐。唐侯言：王白今岁为游闰所胜，大可怪也。初夏时景清和，愿君侯自寿为佳。襄顿首。通理当世屯田足下。大饼极珍物，青瓯微粗，临行匆匆致意，不周悉。

蔡襄在信中回顾了两个月以来与冯京等友人欢聚的美好，除道别外，还送了大龙团茶饼、青瓷茶瓯给冯京。“王白今岁为游闰所胜”这条“战况”由唐询报知蔡襄，再由蔡襄转述给冯京，说明王白、游闰两人与蔡襄、冯京和唐询熟识且均好斗茶。王白平日斗茶水准很高，极少失败，应该是位常胜将军，如今竟失手于游闰，令一代茶事宗师蔡襄发出了“大可怪也”的感慨。由此我们亦不难看出宋人的斗茶风气是很盛的，在日常书信往来中都有体现。

《暑热帖》又称《精茶帖》，这是蔡襄写给朋友李端愿的，帖中写道：

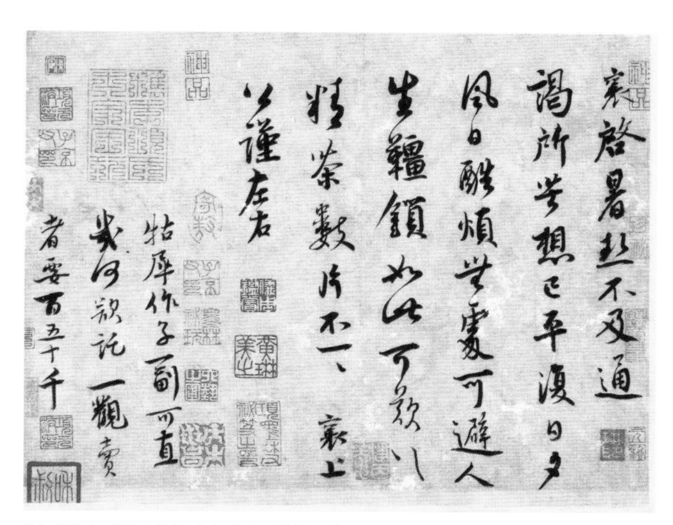

〔宋〕蔡襄《暑热帖》（台北故宫博物院藏）

襄启：暑热，不及通谒。所苦想已平复。日夕风日酷烦，无处可避，人生缰锁如此，可叹可叹！精茶数片，不一一。襄上，公谨左右。牯犀作子一副，可直几何？欲托一观，卖者要百五十千。

蔡襄信上的大意是说暑天太热，来不及去通报谒见。心中苦恼的事情都已经想通了，从早到晚天气酷热难避，感慨人生中的束缚也不过如此。给你带了几片好茶，还有犀牛角做的棋子一副，不知能值多少钱？带给你看一看，你给掌掌眼，卖家说要百五十千。

后来蔡襄为福建转运使，把北苑茶业发展到了新的高峰。蔡襄不仅政绩突出，还是农学家、环境保护专家，宋代茶书的扛鼎之作《茶录》，脍炙人口的农学专著《荔枝谱》均出自蔡襄。在福州经泉州到漳州的驿道两旁，蔡襄命人遍植林木，七百里的碧绿浓荫造福了一拨又一拨南来北往的行人。至今，闽南民间还传唱着这样一首民谣：“夹道松，夹道松，问谁栽之，我蔡公。行人六月不知暑，千古万古摇清风。”纵观蔡襄一生，其人品、官品、才情有口皆碑，这在封建社会的官吏中是非常难得的。1067 年蔡襄在蕉溪居所安然逝去。

人间二泉能映月

“一勺清冷下九咽，分明仙掌露珠圆，空劳陆羽轻题品，天下谁当第一泉？”

足见这些嗜茶精水之人对惠山泉的一往情深。

仙山灵草湿行云，洗遍香肌粉未匀。
明月来投玉川子，清风吹破武林春。
要知冰雪心肠好，不是膏油首面新。
戏作小诗君勿笑，从来佳茗似佳人。

好一个“从来佳茗似佳人”，清楚记得三十多年前第一次在收音机里听到如此佳句的我即迫不及待地寻书觅源，寻到一看，《次韵曹辅寄壑源试焙新茶》，作者苏轼，笑了，难怪。晚清时期，杭州西湖边上的藕香居茶馆将此句与苏轼《饮湖上初晴后雨二首》中的一句集为一对楹联挂于茶室，“欲把西湖比西子，从来佳茗似佳人”，对仗工整，佳联天成。

后来看林语堂评苏轼：“苏东坡是个秉性难改的乐天派，是悲天悯人的道德家，是黎民百姓的好朋友，是散文作家，是新派的画家，是伟大的书法家，是酿酒的实验者，是工程师，是假道学的反对派，是瑜伽术的修炼者，是佛教徒，是士大夫，是皇帝的秘书，是饮酒成癖者，是心肠慈悲的法官，是政治上的坚持己见者，是月下的漫步者，是诗人，是生性诙谐爱开玩笑的人。”此言贴切中肯，但美中不足的是，林老先生落下了苏东坡一生的挚爱——茶。

苏轼（1036—1101），字子瞻，四川眉州人，号东坡居士，世称苏东坡。苏轼识水、懂茶，称得上是位一生陶醉于茶事中的真茶人。苏轼继承并发展了唐代茶诗传统，为宋代茶诗开辟出了一片崭新天地。让我们从苏轼的成年观起，看看茶与茶诗是如何伴他一路前行的吧。

苏轼二十出头即中进士，熙宁四年（1071）被委任为杭州通判，赴任途中过镇江金山寺，观唐人张又新《煎茶水记》中被刑部侍郎刘伯刍评为天下第一的中泠泉，写下了如此诗文：“我家江水初发源，宦游直送江入海。闻道潮头一丈高，天寒尚有沙痕在。中泠南畔石盘陀，古来出没随涛波。试登绝顶望乡国，江南江北青山多。”“中泠南畔石盘陀”即是扬子江心的中泠泉。

中泠泉又名中濡泉、中泠水、南零水。泠，意为清凉，中泠泉即大江中心处的一股清凉之泉。宋时此泉位于扬子江心，是万里长江中独一无二的泉眼。南宋名将文天祥品泉后充满豪情地说：“扬子江心第一泉，南金来此铸文渊。男儿斩却楼兰首，闲品茶经拜羽仙。”

“天下第一泉”中泠泉

因要入江汲泉，故于中冷泉取水极难，需要用到特殊结构的取水装置，所以宋人陆游说："铜瓶愁汲中濡水，不见茶山九十翁。"明末文人张潮《虞初新志》录有文人潘介所写《中泠泉记》一文，记述潘介在坐船时邂逅了一位"憨道人"并同其深入江心汲取中泠泉水品茶的传奇经历。"同舟憨道人者，有物藏破衲中，琅琅有声。索视之，则水葫芦也。朱中黄外，径五寸许，高不盈尺；旁三耳，铜纽连环，亘丈余，三分入环，耳中一缕，勾盖上铜圈，上下随绠机转动。铜丸一枚，系葫芦旁，其一绾盖上。怪问之，秘不告人。良久，谓余曰：'能从我乎？愿分中泠一斛。'予跃然起，拱手敬谢。遂别诸子，从道人上夜行船。"

两天后，他们抵达润州。潘介跟着"憨道人"在后半夜直驱江心取水。"是夕上元节，雨后迟月出不见，然天光初霁，不甚晦冥。鼓三下，小舟直向郭墓。石峻水怒，舟不得泊，携手彳亍，蹑江心石，五六步，石窍洞洞然。道人曰：'此中泠泉窟也。'取葫芦沉石窟中，铜丸旁镇，葫芦横侧，下约丈许。道人发绠上机，则铜丸中镇，葫芦仰盛。又发第二机，则盖下覆之，笋合若胶漆不可解。乃徐徐收铜绠，启视之，水盎然满。" 古人取中泠泉水，必须在子、午这两个时辰之内，用长绳子系住铜瓶坠放入石窟之中，下降到一定深度后"始得真泉"。"若浅深先后少不如法"，得到的都不是真正的中泠泉水。得到泉水后，二人"亟旋舟就岸，烹以瓦铛，须臾沸起，就道人瓔瓢微吸之，但觉清香一片，从齿颊间沁入心胃。二三盏后，则薰风满两腋，顿觉尘襟涤净。乃喟然曰：'水哉，水哉！古人诚不我欺也！'"后世由于江水改道，泉眼处变为陆地。晚清外交家薛福成撰

《中泠泉真迹》一文记“同治九年（1870）三月，江水浅涸，过客皆于此停舟，汲泉煮茗……中泠泉之真迹，殆阅数十百年，而始见也。”

及至杭州，官事闲暇，犯起茶瘾的苏轼不禁思慕起了距离自己不远的天下第二泉——惠山泉，唐代陆羽与刑部侍郎刘伯刍均评此泉为天下第二。于是他写《求焦千之惠山泉诗》，诗中说“精品厌凡泉，愿子致一斛”，求其时担任无锡知府的焦千之寄送惠泉水以满足自己烹茶的“贪欲”。惠山泉成于唐大历年间，位于江苏省无锡市西郊惠山山麓，为无锡令敬澄所开凿，人称天下第二泉。唐人独孤及《惠山寺新泉记》说：“无锡令敬澄，字深源，……考古案图。……有客竟陵陆羽，多识名山大川之名，与此峰白云相与为宾主。”二人相见甚欢，合力“疏为悬流，使瀑布下钟，甘溜湍激”。茶圣陆羽的加持令惠山泉名噪天下。唐代大诗人李绅在惠山读书时作有《别石泉》一诗，描写二泉月色之美，诗中说：“素沙见底空无色，青石潜流暗有声。微渡竹风涵淅沥，细浮松月透轻明。桂凝秋露添灵液，茗折香芽泛玉英。应是梵宫连洞府，浴池今化醒泉清。”从李绅的诗中我们可以得知惠山泉水是从青石罅隙潜流而出，极清，一眼及底。宋仁宗皇祐三年（1051）五月，大茶人蔡襄于进京途中路过无锡，与友人用惠山泉水烹点佳茗，留下了茶诗《即惠山煮茶》：“此泉何以珍，适与真茶遇。在物两称绝，于予独得趣。鲜香箸下云，甘滑杯中露。当能变俗骨，岂特湔尘虑。昼静清风生，飘萧入庭树。中含古人意，来者庶冥悟。”

惠山泉分为上、中、下三池。上池圆形，中池方形，中池距上池仅尺余。中池下方数米处为一长方形大池，是为下池，池壁有张口

“天下第二泉”惠山泉

石螭首一具，中池泉水自螭口喷入下池之中。惠山泉清凛甘郁，品质极佳，使得后世不少人主张以惠山泉为天下第一泉。张谦德《茶经》记："据已尝者言之，定以惠山寺石泉为第一，梅天雨水次之。南零水难真者，真者可与惠山等。"明代大茶家许次纾在《茶疏》中客观地说："古人品水，以金山中泠为第一泉，或曰庐山康王谷第一。庐山余未之到，金山顶上井亦恐非中泠古泉。陵谷变迁，已当湮没，不然，何其漓薄不堪酌也？今时品水，必首惠泉，甘鲜膏腴，致足贵也。"王世贞也曾为惠泉鸣不平，他说："一勺清冷下九咽，分明仙掌露珠圆，空劳陆羽轻题品，天下谁当第一泉？"足见这些嗜茶精水之人对惠山泉的一往情深。

苏轼有位无锡的朋友叫钱颛，字安道。钱颛有个弟弟叫钱逸，钱逸无意仕途，喜爱闲云野鹤般的悠游生活，于是做了道士，就住在惠山。嗜茶的苏轼哪肯错过这么好的机会，于是他带着珍藏的小龙团茶，抽空溜到了惠山去拜访钱道士，当然，这醉翁之意自是那惠山泉水。苏轼与钱道士二人登惠山，汲泉烹茶。遥望太湖之壮丽风景，苏轼诗兴大发，写下了著名的《惠山谒钱道人，烹小龙团，登绝顶，望太湖》："踏遍江南南岸山，逢山未免更留连。独携天上小团月，来试人间第二泉。石路萦回九龙脊，水光翻动五湖天。孙登无语空归去，半岭松声万壑传。"由此，苏轼"往来无锡未尝不至惠山"。后来他转任湖州太守，"即去五年，复为湖州，与高邮秦太虚、杭僧参寥同至"，苏轼同秦观、参寥和尚一起游历惠山，取水烹茶，作《游惠山》："敲火发山泉，烹茶避林樾。明窗倾紫盏，色味两奇绝。吾生眠食耳，一饱万想灭。颇笑玉川子，饥弄三百月。岂如山中人，

“游山观瀑图”青花茶杯

睡起山花发。一瓯谁与共，门外无来辙。”多年以后，苏轼在自己的文集中忆惠泉：“惠山寺东为观泉亭，堂曰漪澜，泉在亭中，二井石甃相去咫尺，方圆异形。汲者多由圆井，盖方动圆静，静清而动浊也……”可见他对这一泓清泉始终无法忘怀。

1097年，苏轼贬居海南，发现了与惠山泉口感接近的三山庵泉，这让他兴奋异常，有感而发，遂提笔写下了《琼州惠通泉记》：

水行地中，出没数千里外，虽河海不能绝也。唐相李文饶，好饮惠山泉，置驿以取水。有僧言，长安昊天观井水与惠山泉通。杂以他水十余缶，试之，僧独指其一曰：“此惠山泉也。”文饶为罢水驿。琼州之东五十里，曰三山庵，庵下有泉，味类惠山。东坡居士过琼，庵僧唯德以水饷焉，而求为之名，名之曰惠通。

文中的李文饶即唐相李德裕。李德裕（787—850），唐代政治家、文学家，中书侍郎李吉甫次子。李德裕为嗜茶之人，为了得到好水煎茶，身在长安的李宰相不惜动用国家驿站资源为自己从千里之外的无锡惠山运水到长安，这与“一骑红尘妃子笑”为异曲同工之事，令时人不齿。晚唐皮日休就此事讽道：“丞相长思煮泉时，郡侯催发只忧迟。吴关去国三千里，莫笑杨妃爱荔枝。”

惠山泉也让唐宋之后的文人趋之若鹜，乐此不疲。惠山泉畔常常见有文人汲水的影子。屠隆《茶说》描绘过其时场景：“取乳泉漫流者，如梁溪之惠山泉为最盛。” 诸人奔波至此只是为了喝上一口惠泉的水。自苏东坡初至惠山的四百多年后，惠山泉的容貌出现在了明代文徵明《惠山茶会图》与钱谷《惠山煮泉图轴》之中。

文徵明自小就在书中读到过惠山泉，虽慕其水，但一直未曾临泉品试，对于惠山泉水的了解仅限于书中文字。他在《咏惠山泉》中说：“少时阅茶经，水品谓能记。如何百里间，惠泉曾未试。空余裹

〔明〕文徵明《惠山茶会图卷》（故宫博物院藏）

〔明〕文徵明《惠山茶会图卷》局部（故宫博物院藏）

茗兴，十载劳梦寐。”正德十三年（1518）清明时节，文徵明与蔡九逵、汤珍、王守、王宠等友人相约，出游无锡惠山，于惠山泉边汲泉品茗。蔡九逵的《惠山茶会序》中说众人“识水品之高，仰古人之趣，各陶陶然不能去矣”。过后，文徵明作《惠山茶会图》以记之。

清人顾文彬在其《过云楼书画记》中述：“正德十三年二月十九，是日清明，衡山偕九逵、履约、履吉、潘和甫、汤子重及其徒子朋游惠山，举王氏鼎，立二泉亭下，七人者环亭坐，注泉于鼎，三沸而三啜之。今图作半山碧松之阴，两人倚石对谈，一童子执军持而下，茅亭中二人倚井阑坐，就支茶灶，几上列铜鼎石铫之属，有二童篝火候沸，旁一人拱立以待……”清人王权亦赞此茶会之雅趣，作《文衡山惠山茶会图七贤诗草卷子为农山观察题》，说：“绝境东南最，畸人六七偕。便同修禊饮，墨迹韵高斋。”

明末，“茶淫”张岱与统御明末文人饮茶风流的闵老子二者之间于秦淮河花乳斋中的精绝暗战即以惠山泉过招，凸显了惠山泉在茶人心中的地位。

清乾隆帝南巡，慕名至无锡惠山，烹泉煮茶，大赞水美。后见听松庵僧人以竹炉煮水，一下喜欢上了这种别致的茶器，返京后命人仿制，造品茗专室“竹炉精舍”，每入其内均用仿自惠山听松庵的竹炉煮水烹茶，并作诗：“因爱惠泉编竹炉，仿为佳处置之俱。”诗后注：“辛未南巡过惠山听松庵，爱竹炉之雅，命吴工仿制，因于此构精舍置之……”明人钱谷有《惠山煮泉图轴》一幅存世，此画右上即有惠泉铁粉乾隆皇帝御笔所题诗文：“腊月景和畅，同人试煮泉。有僧亦有道，汲方逊汲圆。此地诚远俗，无尘便是仙。当前一印证，似与共周旋。”乾隆所讲的汲水方法“汲方逊汲圆”与六百多年前苏东坡所说“汲者多由圆井，盖方动圆静，静清而动浊也”吻合，殊为难得。

〔明〕钱谷《惠山煮泉图轴》（台北故宫博物院藏）

更值一提的是，在第二泉旁诞生过一首妇孺皆知的二胡名曲，它就是我们中国经典民乐之一的《二泉映月》。《二泉映月》的作者是盲人音乐家华彦钧——阿炳。阿炳自幼在道观中长大，自小就显示出优秀的音乐才华，道

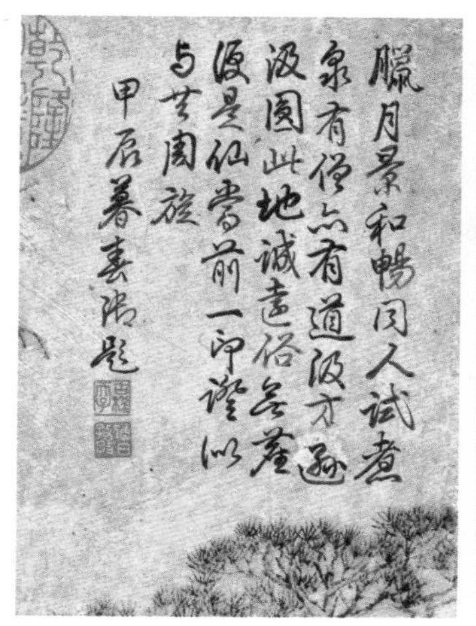

〔明〕钱谷《惠山煮泉图轴》局部（台北故宫博物院藏）

家朴素的道法自然、天人合一的思想深深地影响了阿炳。中年后，阿炳因病双目失明，生活潦倒，颠沛流离在惠山一带。他遭受了很多生活磨难，但心灵也同时得到了生活的洗礼。阿炳失明的双眼虽无法视物，但阿炳心中的双眼却如二泉一样愈发清澈。

十几年前同几位从事中医按摩的盲人茶友对饮聊天，聊到了命运这个话题。在听了我的观点后，其中一位盲友对我说：“耕老师，你是没有我们懂命运的。”我很诧异，问为什么，他淡淡说：“命运是看不见的，我们盲人也看不见。所以我们比你们更懂命运。”瞬间，我感到身子不由自主地震颤了一下，我哑然了。后来正是在《二泉映月》的乐曲中，我体会到了这句话的内涵。夜晚的二泉，月光如银，泉水淙淙。月光下，二泉边，坐于青石上的阿炳用自己独特的演奏技法将我们明眼人看不到的世界里的悲欢离合、世态炎凉注入了琴声，身体残缺的阿炳在音乐中与天合一，达到了人生的完满。这曲由残缺创造出的美，美得是那么天衣无缝，美得丝毫未给后人留下任何可以改动的空间，因为这是命运的旋律，我们明眼人是看不见命运的。凭借鲜明的传统民乐风格与深刻的生命情感体验，《二泉映月》已如长江、黄河一般成为中国文化名片之一。日本音乐家小泽征尔听了《二泉映月》后说："这种音乐应当跪下去听。坐着或站着听，都是极不恭敬的。"阿炳不但琴拉得好，他的说唱也十分动听，在名作《无锡景》中他说唱道："我有一段情，唱拨诸公听……小小无锡城，盘古到如今……天下第二泉，惠山脚旁边，泉水生生清，茶叶泡香片……"

有机会至无锡惠山的朋友，定要攀山游赏"天下第二泉"，于二泉之畔品茗小憩，听上一曲如泣如诉的《二泉映月》，感受一下凄婉深邃的别样人生。

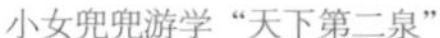
小女兜兜游学"天下第二泉"

一蓑烟雨任平生

莫听穿林打叶声，何妨吟啸且徐行。竹杖芒鞋轻胜马，谁怕？一蓑烟雨任平生。

耕而陶制“定风波”品杯

1074 年，因与实行新政的当权者王安石政见不同，远调密州，面对自己在官场上的失意，达观的苏轼告诉自己要回到生活中来，去享受人生，所以他说："休对故人思故国，且将新火试新茶。诗酒趁年华。"1080 年是苏轼人生的重大转折点，因"乌台诗案"他被贬往黄州。死里逃生后的苏轼开始了从未有过的深刻思考——人生的意义是什么？当彻底认清了朝堂的黑暗与生命的永恒后，他的生命情感愈加成熟炽烈，并做好了久居黄州的准备。面对坎坷，苏轼淡定地说：

莫听穿林打叶声，何妨吟啸且徐行。
竹杖芒鞋轻胜马，谁怕？一蓑烟雨任平生。
料峭春风吹酒醒，微冷，山头斜照却相迎。
回首向来萧瑟处，归去，也无风雨也无晴。

"桃花美人"粉彩茶杯

谪居的第二年，苏轼“于郡中请地数十亩，使得躬耕其中”，于是黄州百姓在城东的山坡上发现了一个头戴斗笠，手扶铁犁，务农为生的中年人，此人自称“东坡居士”。至此，中国历史上首屈一指的通才、大名鼎鼎的苏东坡粉墨登场了。苏东坡在数十亩荒地中遍植稻、麦、桑、果，更是向好友大冶长老讨来了桃花茶树栽种在东坡，正如其《问大冶长老乞桃花茶栽东坡》所记：“周诗记荼苦，茗饮出近世……不令寸地闲，更乞茶子蓺。”

黄州困顿、坎坷的生活中，茶成了苏东坡消解愁闷、交友论道的良媒，终日不能或缺。我们来看一下他在此际写给友人的流传于世的书信《啜茶帖》《致季常尺牍》《新岁展庆帖》，这几篇书札均与茶相关。

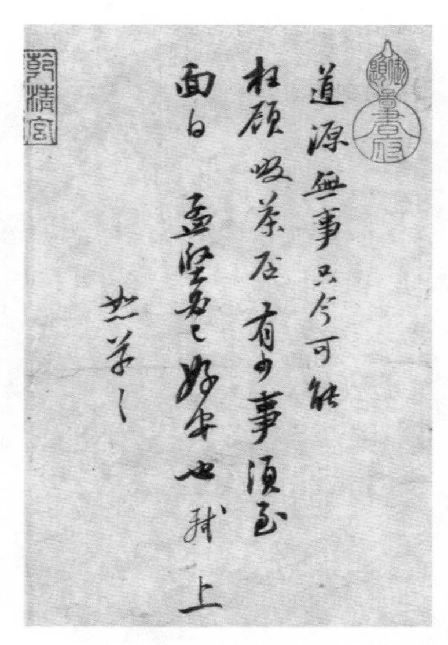

道源無事只今可能
枉顧啜茶否 有少事須至
面白 孟堅必已好安也 軾 上
恕草草

〔宋〕苏轼《啜茶帖》（台北故宫博物院藏）

《啜茶帖》，也称《致道源帖》，是苏东坡于元丰三年（1080）写给好友道源的一则便札：

道源无事，只今可能枉顾啜茶否？有少事须至面白。孟坚必已好安也。轼上，恕草草。

道源，即杜道源，是苏东坡的好友。帖子的意思是，苏东坡邀请道源闲暇时过来找自己喝茶聊天，商量些事情，并顺便问候了杜道源的儿子杜孟坚。

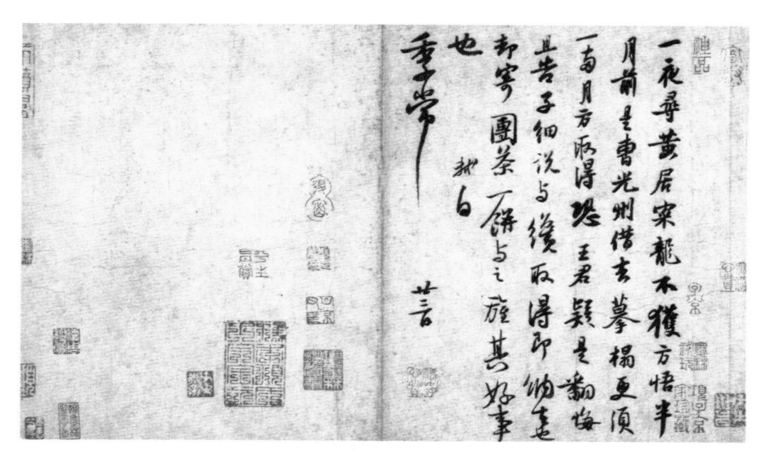
一夜尋黃居寀龍不獲方悟半
月前是曹光州借去摹搨更須
一兩月方取得恐王君疑是翻悔
且告子细說与纔取得即納去
却寄團茶一餅与之旌其好事
也 軾白
季常

〔宋〕苏轼《致季常尺牍》（台北故宫博物院藏）

《致季常尺牍》写的是：

一夜寻黄居寀龙不获，方悟半月前是曹光州借去摹拓。更须一两月方取得。恐王君疑是翻悔且告子细说与，才取得，即纳去也。却寄团茶一饼与之，旌其好事也。轼白。季常。廿三日。

有一天晚上，苏东坡在家里寻找从好友陈季常那里借来的黄居宷所画的《龙》图，却怎么也找不到了。忽然想起来了，自己半个月前曾将此图借与了曹光州摹画，还得一两个月才能送回来。苏轼担心画的原主人王君着急，误以为自己要将此图“窃为己有”，赶忙给好友陈季常写下了此信解释说明，并“寄团茶一饼与之”。

这里面说的季常即苏东坡在黄州的好友陈慥。陈慥，号季常，历史上有名的“河东狮吼”说的即是陈慥的夫人。其时陈季常住在黄州，与苏轼是眉州老乡。苏轼初到黄州的时候，生活困顿寥落，陈季常给他提供了很多帮助，因此两人通信频繁，多有往来，常在一起诗词歌赋，谈古论今。每观《致季常尺牍》，都会让我想起陈季常“忽

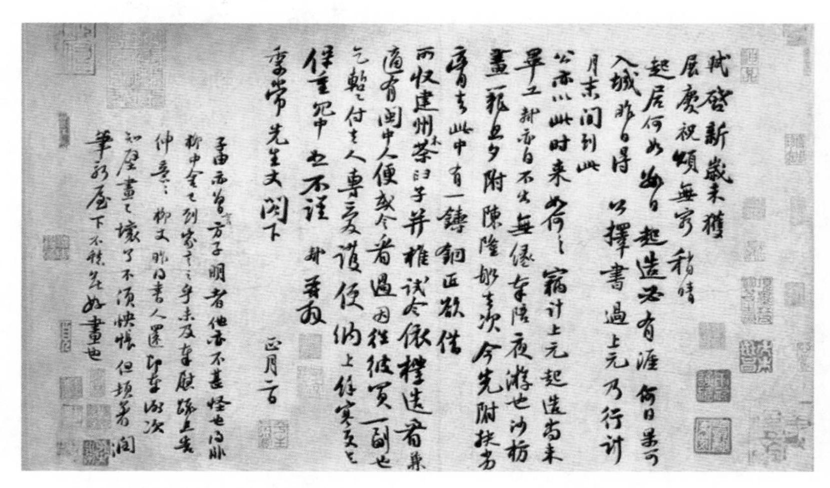
軾啓。新歲未獲
展慶，祝頌無窮。稍晴，
起居何如？數日起造必有涯，何日果可
入城？昨日得公擇書，過上元乃行，計
月末間到此，
公亦以此時來，如何如何？竊計上元起造，尚未
畢工。軾亦自不出，無緣奉陪夜遊也。沙枋
畫籠，旦夕附陳隆船去次，今先附扶劣
膏去。此中有一鑄銅匠，欲借
所收建州木茶臼子并椎，試令依樣造看。兼
適有閩中人便，或令看過，因往彼買一副也。
乞暫付去人，專愛護，便納上。餘寒，更
乞保重。冗中，恕不謹。軾再拜。
季常先生文閣下。　正月二日
子由亦曾言，方子明者，他亦不甚怪也。得非
柳中舍已到家言之乎？未及奉慰疏，且告
伸意伸意。柳丈昨得書，人還，即奉謝次。
知壁畫已壞了，不須怏悒，但頓著潤
筆，新屋下不愁無好畫也。

〔宋〕苏轼《新岁展庆帖》（故宫博物院藏）

闻河东狮子吼，拄杖落手心茫然”的窘相而大笑，但笑一下后，又会略顿而莞尔。定有人不解莞尔之缘由，告诉你，这是因为我又想起了“愧斋陈公”跟他夫人之间更逗人的茶事。明人焦竑《玉堂丛语》里记了这么个故事：“愧斋陈公，性宽坦，在翰林时，夫人尝试之。会客至，公呼：‘茶！’夫人曰：‘未煮。’公曰：‘也罢。’又呼曰：‘干茶！’夫人曰：‘未买。’公曰：‘也罢。’客为捧腹，时号‘陈也罢’。”你说逗不逗。

《新岁展庆帖》是苏东坡相约好友陈季常与李常在上元时于黄州相会的书信。李常（1027—1090），字公择，官至御史中丞。《新岁展庆帖》内容如下：

轼启，新岁未获展庆，祝颂无穷，稍晴起居何如？数日起造必有涯，何日果可入城？昨日得公择书，过上元乃行，计月末间到此。公亦以此时来，如何？窃计上元起造，尚未毕工。轼亦自不出，无缘奉陪夜游也。沙枋画笼，旦夕附陈隆船去次，今先附扶劣膏去。此中有一铸铜匠，欲借所收建州木茶臼子并椎，试令依样造看。兼适有闽中人便，或令看过，因往彼买一副也。乞暂付去人，专爱护便纳上。余寒更乞保重，冗中恕不谨，轼再拜。季常先生丈阁下。正月二日。

子由亦曾言，方子明者，他亦不甚怪也。得非柳中舍已到家言之乎，未及奉慰疏，且告伸意，伸意。柳丈昨得书，人还即奉谢次。知壁画已坏了，不须快怅。但顿着润笔新屋下，不愁无好画也。

苏东坡告诉陈季常，友人李常月末就到黄州了，到时你也过来，

明人摹《西园雅集图轴》（台北故宫博物院藏）

明人摹《西园雅集图轴》局部（台北故宫博物院藏）

一起聚聚。另外，苏东坡还提到想让铜匠依样铸造木制的茶臼子和椎子一事，留下了对宋代茶器的文字记载，说明彼时铜、木材质的茶器一直有在民间使用。

元祐初年（1086），太后摄政，苏东坡得到起用，应召返京，升任中书舍人，继而升任翰林。苏东坡返京，让过去在新旧党争中离散的老朋友们又重新聚到了一起，引发了中国文化史上一件很出名的大事——西园雅集。

这次闻名遐迩的文人雅集发生在元祐二年五月，地点在驸马王诜的府邸西园，参与者是以苏东坡为首的诸多文坛才子，如苏辙、王诜、蔡肇、米芾、黄庭坚、秦观、张耒、李公麟、晁补之、圆通大师（日本渡宋僧人大江定基）等人，“一时巨公伟人悉在焉”。王诜本人对自己府邸的描述是：“金翠楼台，倒影芙蓉沼。杨柳垂垂风袅袅，嫩荷无数青钿小。”想见西园之美。

游学于苏轼门下的黄庭坚给老师苏东坡带来了自己家乡的名茶双井茶。北宋欧阳修在《归田录》中记双井茶：“蜡茶出于剑、建，草茶盛于两浙。两浙之品，日注为第一。自景祐（1034—1038）以后，洪州双井白芽渐盛，近岁制作尤精，囊以红纱，不过一二两，以常茶十数斤养之，用辟暑湿之气，其品远出日注上，遂为草茶第一。”欧阳修曾诗赞双井茶：“西江水清江石老，石上生茶如凤爪。穷腊不寒春气早，双井芽生先百草。白毛囊以红碧纱，十斤茶养一两芽。长安富贵五侯家，一啜犹须三月夸。”可见黄庭坚所送茶之珍贵。在宋代，蜡茶为片茶，草茶则包括散茶与末茶两种。将散茶磨碎为细末即为末茶。片茶与散茶的主要区别就是看其中是否有研膏工艺，研膏工艺即是研磨茶叶后放在模具中制成团茶。唐代李郢《茶山贡焙歌》：“一时一饷还成堆，蒸之馥之香胜梅。研膏架动轰如雷，茶成拜表贡天子。”宋人葛立方《韵语阳秋》记：“自建茶入贡，阳羡不复研膏，只谓之草茶而已。”宋人熊蕃的《宣和北苑贡茶录》亦记：“五代之际，建属南唐，岁率诸县民，采茶北苑，初造研膏，继造蜡面，制其佳者，号日京铤。”清代梁章钜《归田琐记·品茶》引宋人张舜民《画墁录》云：“有唐茶品以阳羡为上供，建溪、北苑不著也。贞元中，常衮为建州刺史，始蒸焙而研之，谓之研膏茶。”

西园雅集中的蔡肇的文采很厉害，以茶喻人的诗词在宋代非独有苏轼“从来佳茗似佳人”，蔡肇于此也作过精彩文字。蔡肇，字天启，官拜礼部员外郎。初事王安石，为王所重，又与苏轼交往密切，声誉益显。蔡肇是一位嫉恶如仇的人，其时王安石变法，针对朝堂中

〔明〕唐寅《西园雅集图》局部（台北故宫博物院藏）

〔明〕仇英《西园雅集图》（台北故宫博物院藏）

〔明〕仇英《西园雅集图》局部（台北故宫博物院藏）

新、旧两党间的睚眦小人，蔡肇曾作茶诗喻人予以嘲讽。《苕溪诗话》记北苑贡茶："北苑，官焙也。漕司岁贡为上。壑源，私焙也。土人亦以入贡，为次。二焙相去三四里间。若沙溪，外焙也，与二焙绝远，为下。故鲁直诗'莫遣沙溪来乱真'是也。官焙造茶，常在惊蛰后。"在宋代贡茶中，壑源茶是第一流的，北苑贡茶中的最上品即产自壑源。宋徽宗赵佶所著《大观茶论》对壑源茶讲述道："本朝之兴，岁修建溪之贡，龙团凤饼，名冠天下，而壑源之品，亦自此而盛……夫茶以味为上，香甘重滑，为味之全。惟北苑壑源之品兼之。"

沙溪与壑源离得很近，但那里出产的茶的滋味就逊色得多了，利益驱动下，沙溪的茶农经常用沙溪茶来冒充壑源茶。"鲁直"是北宋著名文学家黄庭坚的字，黄庭坚曾记此事说："勿遣沙溪来乱真。”于是这位“少能作文，且长于歌诗”的蔡肇以茶喻人，他说：“欲言正焙香全少，便道沙溪味却嘉。半正半邪谁可会，似君书疏正交加。”

西园雅集中的这些元祐文人们融儒释道三家思想于一身、情操与审美于一体，他们或坐于林下，或立于蕉旁，或倚于古松，或会于竹荫溪畔，品茗、对弈、作诗、赏画、参禅、说道、论世，于理性中得滋养，在生活中见真趣，很好地反映出中国文人心怀天下的济世之情，这一文化基因也一直在中国文化的历史长河中传承不息，未曾断代。历史上，中国的文人有过多次雅集，如兰亭修禊、竹林七贤、商山四皓、香山九老、十八学士、玉山雅集等，它们都成为历代画家争相描摹的对象。以苏东坡为首的西园雅集也不例外，这一事件后世画家多有摹绘。

也无风雨也无晴

料峭春风吹酒醒，微冷，山头斜照却相迎。

回首向来萧瑟处，归去，也无风雨也无晴。

龙井村「寿圣院」，南宋时更名「广福院」

元祐四年（1089），苏东坡再知杭州。此次返杭，苏东坡疏浚河道，修建苏堤，为西湖增添了“苏堤春晓”“三潭印月”的美妙景观，在杭州度过了“他一生最快活的日子”。

一踏上杭州的土地，苏东坡就迫不及待赶往西湖，到龙井寿圣院拜访他的老朋友辩才法师。辩才（1011—1091）俗姓徐，原为杭州天竺寺住持，后退隐西湖龙井寿圣院不复出。辩才闲时开山种茶，龙井种茶即始于这位高僧。元丰七年（1084）曾任杭州知州的赵抃到寿圣院拜访辩才，故人重逢，辩才在龙泓亭点茶待客。赵抃感慨万千，提笔作诗一首：“湖山深处梵王家，半纪重来两鬓华。珍重老师迎意厚，龙泓亭上点龙茶。”辩才也和诗一首：“南极星临释子家，杳然十里税青华。公年自尔增仙籍，几度龙泓诗贡茶。”这次苏东坡知杭州的消息辩才早已知晓，见到久未谋面的友人到来，老和尚自是欢喜，遂点茶待客。自此名流手携高僧，游山览水，煮茗论道，二人心机相契在了一起。

经年，苏东坡调任，离杭前至龙井寿圣院同辩才大师辞行。二人烹茶话别，恋恋不舍。“天下无不散之筵席”，老和尚起身道：“居士请回吧，多多保重。老衲送你一程。”两人在路上依依惜别，款款而谈。因过于投入，八十岁的辨才老和尚竟忘了自己所立的规矩“送客不过虎溪”，他不但将苏东坡送过了虎溪，还一路送下了风篁岭。左右从人提醒说：“大师，送过虎溪了！”辩才却笑笑：“杜甫不是说过吗，‘与子成二老，来往亦风流。’”为纪念此段佳话，东坡走后，辩才命人在岭上建亭一座，名之为“过溪亭”，亦即“二老亭”，并作《龙井新亭初成诗呈府帅苏翰林》一首以为纪念，诗中说：

政暇去旌旆，策杖访林邱。人惟尚求旧，况悲蒲柳秋。云谷一临照，声光千载留。轩眉狮子峰，洗眼苍龙湫。路穿乱石脚，亭蔽重岗头。湖山一目尽，万象掌中浮。煮茗款道论，奠爵致龙优。过溪虽犯戒，兹意亦风流。自惟日老病，当期安养游。愿公归庙堂，用慰天下忧。

辩才老和尚回忆了与东坡居士在一起的诸般美好，赞赏他的学识渊博并祝福他身体康健，继续为民造福。苏东坡次辩才韵亦赋《书次辩才韵诗》一首答和：

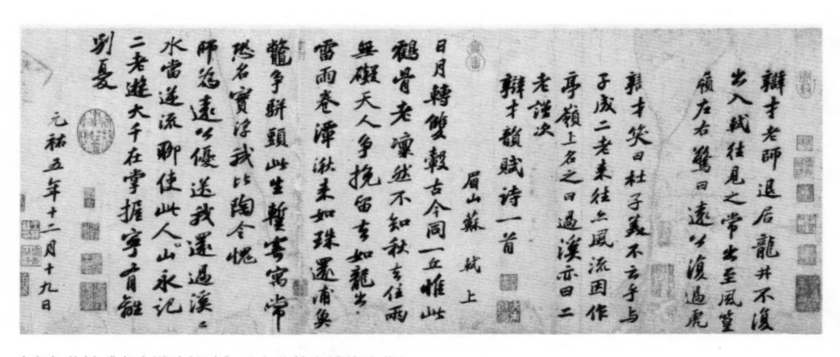

〔宋〕苏轼《书次辩才韵诗》（台北故宫博物院藏）

辩才老师，退居龙井，不复出入。轼往见之，常出至风篁岭。左右惊曰："远公复过虎溪矣。"辩才笑曰："杜子美不云乎：'与子成二老，来往亦风流。'"因作亭岭上，名之曰"过溪"，亦曰"二老"。谨次辩才韵赋诗一首。眉山苏轼上。

日月转双毂，古今同一丘。惟此鹤骨老，凛然不知秋。去住两无碍，天人争挽留。去如龙出（山），雷雨卷潭湫。来如珠还浦，鱼鳖争驶头。此生暂寄寓，常恐名实浮。我比陶令愧，师为远公优。送我还过溪，溪水当逆流。聊使此人山，永记二老游。大千在掌握，宁有离别忧。元祐五年十二月十九日。

苏东坡在诗中对辩才的佛家风范倍加崇敬，并说："我比陶令愧，师为远公优。送我还过溪，溪水当逆流。" 苏东坡把自己与辩才的品茗论道、赠诗唱和比作东晋陶渊明与僧慧远的交游，并谦虚地说，辩才可比慧远，而自己是不如陶渊明的。虎溪里的水当然也是不会逆流的，苏东坡如此表述恰恰是为了说明二人之间的深厚情谊永不可分割，正同自然界中溪水的不可逆流。苏东坡离杭后，仍然挂念老友，时常写信问候，字里行间对辩才法师均是满怀深情，"别来思仰日深，比日道体何如？" "惟千万保爱" "久不奉书，愧仰增深。比日切惟法履佳休，某忝冒过分，碌碌无补。日望东南一郡，庶几临老复闻法音，尚冀以时为众自爱。" 辩才圆寂后，苏东坡书参寥："辩才遂化去，虽来去本无，而情钟我辈，不免凄怆也。今有奠文一首，并银二两，托为致茶果一奠之。"骨塔落成时，苏东坡让自己的弟弟子由为辩才大师撰写了塔碑铭文，斯人俱去，如今，辩才骨塔依然伫立在狮峰山麓，它默默地向世人诉说着东坡居士与辩才法师这对喜茶之人的千古佳话。

苏轼于茶轶事颇多，再举一二。

一天，身在杭州的苏轼得到了皇上的赐茶。陆廷灿《续茶经》记：

杭州龙井村辩才亭与辩才骨塔

子瞻在杭时，一日中使至，密语子瞻曰："某出京师，辞官家。官家曰：'辞了娘娘来。'某辞太后殿，复到官家处，引某至一柜子旁，出此一角。密语曰：'赐与苏轼，不得令人知。'"遂出所赐，乃茶一斤，封题皆御笔。子瞻具札附进称谢。

苏东坡《行香子》曾写品饮赐茶之感："绮席才终，欢意犹浓。酒阑时，高兴无穷。共夸君赐，初拆臣封。看分香饼，黄金缕，密云龙。斗赢一水，功敌千钟。觉凉生，两腋清风。暂留红袖，少却纱笼。放笙歌散，庭馆静，略从容！"《博学汇书》记："司马温公与子瞻论茶墨，云：'茶与墨二者正相反，茶欲白，墨欲黑；茶欲重，墨欲轻；茶欲新，墨欲陈。'苏曰：'上茶、妙墨俱香，是其德同也；皆坚，是其操同也。’公叹以为然。” 司马温公深知苏轼善于品茶又爱好书法，就利用茶与墨截然相反的气味属性出题，想难难苏轼。苏轼用品德操守来述茶、墨，由茶墨的异同而引申至人之品格，借以表征自己，巧妙地化解了难题。

茶人至孝。北宋名臣王禹偁在《龙凤茶》中说：“样标龙凤号题新，赐得还因作近臣。烹处岂期商岭外，碾时空想建溪春。香于九畹芳兰气，圆似三秋皓月轮。爱惜不尝惟恐尽，除将供养白头亲。”宋代的龙凤团茶为皇家御用，诗人因身居要职而有幸得到皇帝御赐的龙凤团茶，他边赏茶边思考品饮之事。一番思虑之后，王禹偁决定将御赐龙凤团茶孝敬给自己的双亲，借此御赐之茶来报答父母养育之恩。梅尧臣在得到吴王仲所赠的“十片建溪春”之后也作出了相同的决定，“捧之何敢啜，聊跪北堂亲”。 而苏轼更是“老吾老以及人之老”，将茶直接送给了朋友程朝奉的母亲。此事写在他的《新茶送签判程朝奉以馈其母有诗相谢次韵答之》诗中，以茶赋诗表达了友情，诗中说：“火前试焙分新胯，雪里头纲辍赐龙。从此升堂是兄弟，一瓯林下记相逢。”

苏东坡嗜茶，难得的是他始终对茶都有着清醒的认识。在《漱茶》一文中他说：“率皆用中下茶，其上者亦不常有，数日一啜，不为害也。”用今天的常识看，茶叶内含物质中氨基酸、糖类含量低，咖啡碱、茶多酚含量高，或因制茶工艺不良导致茶叶品质低下，对于上述茶类的品饮，苏东坡认为需要加以节制，以减少其对人体的危害。在《仇池笔记》中他又说：“除烦去腻，不可缺茶，然暗中损人不少。” 知晓去害存用的道理而健康、有节制地饮茶，此点是值得

〔宋〕刘松年《撵茶图》局部（台北故宫博物院藏）

当下喜茶的朋友们学习的。在生活中苏东坡对茶有很多自己的独到经验，例如他讲“芽茶得盐，不苦而甜”，又说“吃茶多腹胀，以醋解之”。他还有一个驱赶苍蝇的方法，用陈茶烧成烟，则“蝇速去”。苏东坡不但懂茶，对茶器更是研究至极，从其茶诗《次韵黄夷仲茶磨》可窥一斑。诗中说：“前人初用茗饮时，煮之无问叶与骨。浸穷厥味臼始用，复计其初碾方出。计尽功极至于磨，信哉智者能创物。破槽折杵向墙角，亦其遭遇有伸屈。岁久讲求知处所，佳者出自衡山窟。巴蜀石工强镌凿，理疏性软良可咄。予家江陵远莫致，尘土何人为披拂。”最早的茶叶制作是很简单的，茶叶不需碾磨，叶片与枝梗不分离，一起入汤煎煮。为了让茶叶内含物质的浸出率更高，人们逐渐开始使用茶臼捣研茶叶为末，再后来有聪明人创造了效率更高的茶磨，以其来碾茶，茶汤才变得香飘四溢，美味诱人。爱屋及乌，这首诗把茶叶研磨的历史及成因详尽地讲了出来，苏东坡对茶的认识真是到了骨子里。

1097 年，六十出头的苏东坡再次被贬海南，在那里他依然与茶为伴，并写下了脍炙人口的七律《汲江煎茶》：

活水还须活火烹，自临钓石取深清。
大瓢贮月归春瓮，小杓分江入夜瓶。
雪乳已翻煎处脚，松风忽作泻时声。
枯肠未易禁三碗，卧听荒城长短更。

1101 年，苏东坡遇赦北返，病逝于常州，二十六年后，北宋亡。

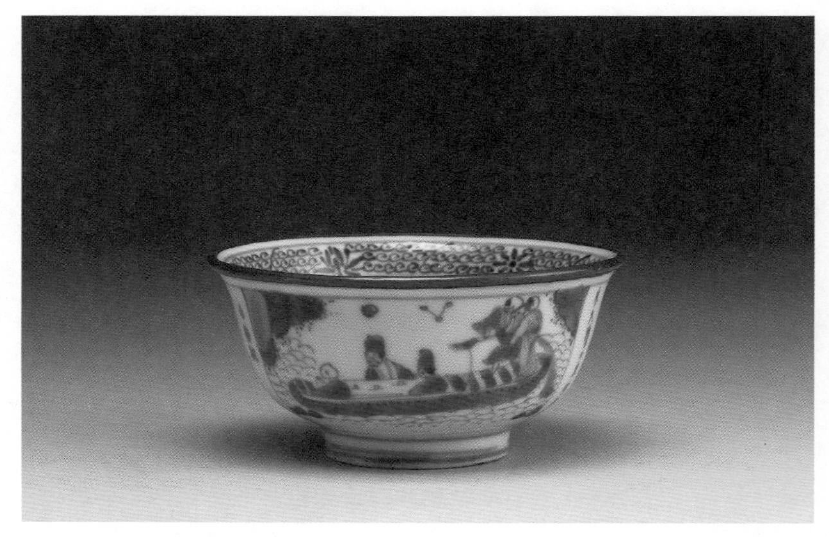

明末清初青花《赤壁赋》茶盅（台北故宫博物院藏）

一片嫩绿的树叶，经过杀青、揉捻、发酵，及至烘干。接着又在开水里浸泡、折腾，把自己内在的潜质逼出来，浸泡一次就成熟一次，成熟一次就衰老一次，最后展露出本真的叶底。浓淡，似人情；滋味，像风景；浮沉，如世事。人这一生不也是历过坎坷与繁华之后归于自然平淡之本身吗？“人生若茶，茶若人生”，与茶相伴一生的苏东坡走了，可喜的是，他给后人留下了心灵的喜悦与思想的快乐。林语堂曾说：“像苏东坡这样的人物，是人间不可无一难能有二的。”纵观苏东坡一生，这位以文章闻名天下，一生融儒、释、道于一体，诗、词、书、画俱佳的天才，仕途坎坷，不是被贬，就是在被贬的路上，但这些终不改其乐观的天性。苏东坡的人格精神所体现出的正直、进取与旷达，亘古不灭地闪耀在人类历史的星空。

琴棋书画诗酒茶

此为琴，彼为棋，你为诗，他为画……同行道，不过是载体不同罢了。

恰如本书的主人公，这个可清平可富贵，

可出世亦可入世的杯中清物——茶，你跟它默契了，就会与它一味了。

〔明〕仇英《汉宫春晓图》局部（台北故宫博物院藏）

宗白华先生说："中国哲学是就生命本身体悟'道'的节奏。'道'具象于生活、礼乐制度。道尤表象于'艺'。灿烂的'艺'赋予'道'以形象和生命，'道'给予'艺'以深度和灵魂。"琴、棋、书、画、诗、酒为古之文人的六种雅事。茶盛于唐，兴于宋，遍于明清。茶通六事，从二分一碗的大碗茶到烹茶尽具的雅致茶艺，世界上没有哪样东西能像茶一样以如此有趣的形式存在于中国人的生活

〔明〕尤求《西园雅集图轴》局部（台北故宫博物院藏）

里，附着人间烟火的“柴米油盐酱醋茶”里有它，行着澹和风雅的“琴棋书画诗酒茶”里也有它，这片小小的树叶令国人须臾离它不得。下面我们通过历代画作来看看“琴棋书画诗酒茶”这诸多的传统文化符号是如何自然交织在一起的。

旧传伏羲制琴。帝尧有《神人畅》，为古时琴曲。孔子、师旷、师襄、伯牙、子期、司马相如等人皆善琴，琴道大行。唐人卢鸿《草堂十志图卷》中有高士弄琴于林下，周昉有《调琴啜茗图》传世。《调琴啜茗图》中，绘五人，三主二仆。主人中一人抚琴，两人倾听，居中之红衣女子正执茶盏于唇边啜饮，正是宫廷贵族饮茶娱乐情形。图中人物体态丰腴，雍容华贵，典型的唐人审美趣味。白居易《闲卧寄刘同州》说：“鼻香茶熟后，腰暖日阳中。伴老琴长在，迎春酒不空。” 明人仇英绘宋事《西园雅集图》中亦有此境展现。“煮茗对清话，弄琴知好音”，什么是好音，好音是灵魂的密码，是君子内在的修为，宋人洪适《过妙缘寺听怀上人琴》中的这句话即是古人琴茶相伴的实景写照。

〔唐〕周昉《调琴啜茗图》（美国纳尔逊·艾金斯艺术博物馆藏）

〔唐〕卢鸿《草堂十志图卷》局部（台北故宫博物院藏）

〔明〕仇英《西园雅集图》局部（台北故宫博物院藏）

晋代张华《博物志》记："尧造围棋，以教子丹朱。或云：舜以子商均愚，故作围棋以教之。"小小的围棋一出世就被分为黑白二色，如太极之化生两仪，一虚一实，蕴含着宇宙间无穷无尽之变化。中国文人喜欢在茅舍小亭、林间松下、奇石清流旁品茶对弈。宋人连文凤《四望亭记》述："家之侧买地数十弓，更创一亭为栖息之所，左右引水，翼以池沼，叠石前后，树以花木。琴、棋、图籍、笔床、茶灶次第于其间。"明宁王朱权在《茶谱》中说："命一童子设香案，携茶炉于前……候茶出相宜，以茶筅击拂，令沫不浮，乃成云头雨脚，分与啜瓯，置之竹架，童子捧献于前。主起，举瓯奉客曰：'为君以泻清臆。'客起接，举瓯曰：'非此不足以破孤闷。'乃复坐。饮毕，童子接瓯而退。话久情长，礼陈再三，遂出琴棋，陈笔砚。或庚歌，或鼓琴，或弈棋，寄形物外，与世相忘，斯则知茶之为物。"在明代周臣的《松窗对弈图》里，我们可看到小桥流水，溪畔人家，山石起伏，古松数株。二文士正专心对弈于岸边草庐之中，旁有童子捧茶侍奉。岸边一人骑驴而至，驴后童子携琴随行，实有唐人孟郊所言"仙界一日内，人间千载穷。双棋未遍局，万物皆为空。樵客返归路，斧柯烂从风。唯余石桥在，犹自凌丹虹"之弈境。

书画同源。书法、绘画都是运笔的艺术，有着先天的血缘，是古时文人的日常修养。笔既作画，亦写字，又题诗，前章文徵明因病赋诗以和皮陆《茶具十咏》并配绘《茶事图》，即是诗、书、画、茶在生活中自然融合的风采展现。

酒是谁发明的呢？一传为仪狄所造，一传为少康所造。仪狄是大禹时的一位女性，少康是大禹五代后夏朝的君主。登临大雅之堂，

〔明〕周臣《松窗对弈图》（台北故宫博物院藏）

〔明〕仇英《春夜宴桃李园图卷》局部（台北故宫博物院藏）

酒在前，茶在后。屈原《九歌·东皇太一》已有“蕙肴蒸兮兰藉，奠桂酒兮椒浆”之语。以茶代酒出现在了三国时的吴国，《吴志·韦曜传》记录了一个孙皓赐茶代酒的事，“皓每飨宴，无不竟日，坐席无能否，率以七升为限。虽不悉入口，皆浇灌取尽，曜饮酒不过二升，初见礼异，时常为裁减，或密赐茶荈以代酒。”晋代，我们在前文讲过刘琨、桓温、陆纳、杜育等人让茶成为文人雅士之好。唐代，茶酒虽然吵过架（见前文《茶酒论》），最后在水的调和下还是融洽地相处在了一起。李白斗酒诗百篇，但他依然爱着仙人掌茶。白居易“春风小榼三升酒，寒食深炉一碗茶”，皮日休曾“醒来山月高，孤枕群书里。酒渴漫思茶，山童呼不起”，苏东坡也有过“酒困路长惟欲睡，日高人渴漫思茶，敲门试问野人家”之举。

酒与茶，有着诸多共通之处，二者皆具普遍的社交属性，蕴色香味之内涵，有兴奋神经之功，为传统文化承载之媒。酒有刘伶一醉三秋之欲仙，嵇康玉山将崩之酣畅，更有陶翁“吾媚吾口”之田园。但酒有刺激性、上瘾性，故饮酒须节制。明代刘绘对酒有着清醒的论断，应作为时人参考：“从嗜者之论，则以为任真率性，逍遥放达于物外也。从不嗜者之论，则以为守礼修义，恭慎严恪于度内也。然则酒之是非美恶，与夫名味之实、功德之真，尚未爽著于人矣……酒之善恶，果在人，非由酒也。”饮茶亦然，茶友们对健康人每日饮茶总量不超过 12.5 克干茶的这个基准一定要切实把握好，如此即能尽用其利，而弃其弊端（原因详见拙著《懂点茶道》）。

中国的传统文化习惯将物质属性人格化，如岁寒三友的“松、竹、梅”，四君子的“梅、兰、竹、菊”。基于此种传统思维，“琴、棋、书、画、诗、酒、茶”的技艺属性自然也被人格化，成为文人雅士、方外僧侣自身的素养内容，风流的表现形式，日常的生活雅趣。唐元和年间兵部员外郎李约“性清洁寡欲，一生不近粉黛，博古探奇……坐间悉雅士，清谈终日，弹琴煮茗，心略不及尘事也……复嗜茶，与陆羽、张又新论水品特详。曾授客煎茶法，曰：‘茶须缓火炙，活火煎，当使汤无妄沸。始则鱼目散布，微微有声；中则四畔泉涌，累累然；终则腾波鼓浪，水气全消。此老汤之法，固须活水，香味俱真矣。’”茶圣陆羽的老友诗僧皎然在《晦夜李侍御萼宅集招潘述、汤衡、海上人饮茶赋》中将高僧、文人之茶、琴、花、诗雅会做了生动描绘：“晦夜不生月，琴轩犹为开。墙东隐者在，淇上逸僧来。茗爱传花饮，诗看卷素裁。风流高此会，晓景屡裴回。”

宋代是中国历史上经济、文化、教育最繁荣的时代，达到了封建社会的巅峰，宋人生活亦愈趋精致，琴棋书画诗酒茶外，宋时的人们还讲究焚香、插花。宋人吴自牧《梦粱录》说：“俗谚云，烧香、点茶、挂画、插花四般闲事，不宜累家。”此间元素皆为深谙生活内涵的宋代文人自生活中提炼，使之自然契融，继而反哺生活以趣味。

宋人待人接物常用香，曾几《东轩小室即事五首·之五》：“有客过丈室，呼儿具炉薰。清谈似微馥，妙处渠应闻。沉水已成烬，博山尚停云。斯须客辞去，趺坐对余芬。”客人来访，主人赶忙命童子

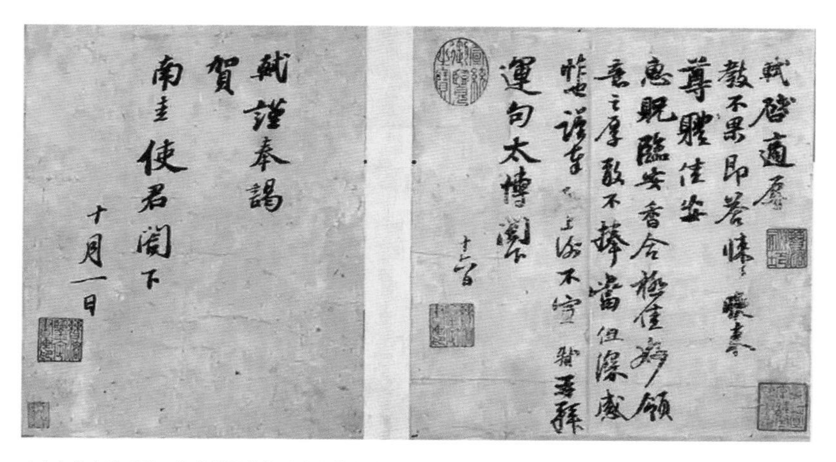
轼启适辱
教不果即答悚悚履春
尊体佳安
惠既临安香合榷茶药领
意之厚敢不捧当但深感
佩也谨奉手启不宣 轼再拜
运句太博阁
十一日

轼谨奉谒
贺
南圭使君阁下
十月一日

〔宋〕苏东坡《致运句太博尺牍》（台北故宫博物院藏）

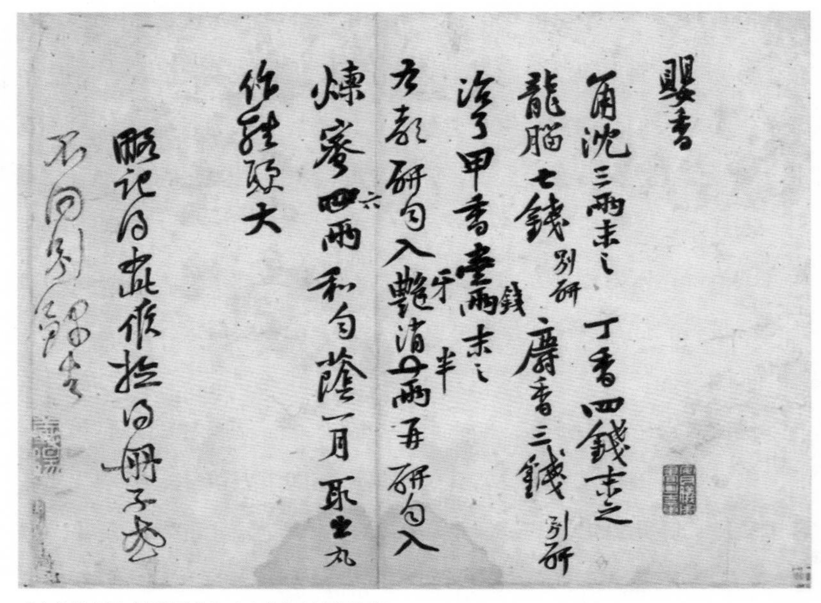

〔宋〕黄庭坚《书婴香方》（台北故宫博物院藏）

焚香，主客在芬芳中对谈，客人离去，余香袅袅，尚可闻见。在《致运句太博尺牍》中，苏东坡感谢友人所赠“临安香合”（盛放香料的容器），道：“惠贶临安香合。极佳妙。”苏门弟子黄山谷自称“香癖”，有《书婴香方》手迹传世，此方记载了“婴香”配方。黄庭坚的配方中有角沉、丁香、龙脑、麝香等香料。

香可入茶，蔡襄《茶录》记：“茶有真香，而入贡者微以龙脑和膏。”茶亦可掺香，陈敬《陈氏香谱》记以茶入香：“香茶一，上等细茶一斤，片脑半两，檀香三两，沉香一两，旧龙涎饼一两，缩砂三两。右为细末，以甘草半斤剉，水一碗半煎，取净汁一碗，入麝香末三钱和匀，随意作饼。香茶二，龙脑、麝香、百药煎、楝草、寒水石、白豆蔻各三钱，高茶一斤，硼砂一钱。右同碾细末，以熬过熟糯米粥净布巾绞取浓汁和匀，石上杵千余，方脱花样。”喜香、爱茶的苏东坡说“焚香引幽步，酌茗开净筵”，“花雨檐前乱，茶烟竹下孤。乘闲携画卷，习静对香炉”。后世屠隆的《考盘余事·香笺》详论了焚香、啜茗二者之相得益彰：“香之为用，其利最溥，物外高隐，坐语道德，焚之可以清心悦神。四更残月，兴味萧骚，焚之可以畅怀舒啸。晴窗拓帖，挥麈闲吟，篝灯夜读，焚以远辟睡魔，谓古伴月可也。红袖在侧，密语谈私，执手拥炉，焚以熏心热意，谓古助情可也。坐雨闭窗，午睡初足，就案学书，啜茗味淡，一炉初热，香霭馥馥撩人……煮茗之余，即乘茶炉火便，取入香鼎，徐而热之，当斯会心景界，俨居太清宫与上真游，不复知有人世矣。”此为知者言。

花卉栽培古已有之，周代就出现了人工培育植物的文字记载，《周礼·天官·大宰》说：“园圃毓草木。”青海东村墓群（位于海东市平安区）曾出土东汉砖雕，其上所刻图案中有一只对插花朵的花瓶。品茶共赏花的文字最早

青海东村墓群出土东汉砖雕（青海博物馆藏）

见于唐代，唐人品茶观花多在庭院、园圃之内，诗僧皎然《九日与陆处士羽饮茶》写：“九日山僧院，东篱菊也黄。俗人多泛酒，谁解助茶香。”颜真卿、陆士修、李萼等人的《月夜啜茶联句》亦描写：“泛花邀坐客，代饮引情言。醒酒宜华席，留僧想独园。不须攀月桂，何假树庭萱。御史秋风劲，尚书北斗尊。流华净肌骨，疏瀹涤心原。不似春醪醉，何辞绿菽繁。素瓷传静夜，芳气满闲轩。”月夜啜茶，佳友联句，花香满庭，心旷神怡。

宋代，高型家具普及开来，此前大多作为实用器具的瓷器在人们的屋室内逐渐变为了陈设用具，宋人遂以花入瓶，装点生活。笔者

〔宋〕苏汉臣《妆靓仕女图》（美国波士顿艺术博物馆藏）

所见资料中最早书写“瓶花”二字的为北宋俞珹所作《中山别墅》：“村居何所乐，我爱读书堂，阶草侵窗润，瓶花落砚香。凭栏看水活，出岫笑云忙。野客时相过，联吟坐夕阳。”很喜欢葛绍体的《洵上人房》“自占一窗明，小炉春意生。茶分香味薄，梅插小枝横。有意探禅学，无心了世情。不知清夜坐，知得若为清”。焚香品茶，横插小梅，江河日月，四时流转，宋人瓶中的花木已不单单是他们打发闲暇日子的消遣，更为其精神世界的折射。

品茗会佳友，观画览古今，亦是宋人嘉趣。南宋吴自牧所著《梦粱录》卷十六“茶肆”记烹茶、挂画之况：“汴京熟食店，张挂名画，所以勾引观者，留连食客。今杭城茶肆亦如之，插四时花，挂名人画，装点店面。”南宋笔记《都城纪胜》也记：“大茶坊，皆挂名人书画。” 茶肆如此，百姓生活亦然，赵伯骕的这幅画作就反映了宋人品茶、焚香、插花、挂画的悠闲生活。画中依山傍水的庭院内古松耸立，修竹繁茂，实为文人理想燕居之室。画中凉亭内设卧榻一具，主人左倚凭几，右手持羽扇，安然于上。榻旁置屏，有书卷、瓷瓶、香炉安放于漆桌之上。画面左侧女子二人凭栏而立，观赏风景。“时拈柏子烧铜鼎，旋碾茶团瀹玉尘”，右侧两小童正捧着点好的香茶趋步向亭，茶香隔纸而出，正是宋人张耒《游武昌》“书室焚香地新扫……看画烹茶每醉饱”之语境。

南宋罗大经《鹤林玉露》中对此景亦有妙述：“余家深山之中，每春夏之交，苍藓盈阶，落花满径，门无剥啄，松影参差，禽声上下。午睡初足，旋汲山泉，拾松枝，煮苦茗啜之。随意读《周易》《国风》《左氏传》《离骚》《太史公书》及陶杜诗、韩苏文数篇。

〔宋〕赵伯骕《风檐展卷》（台北故宫博物院藏）

从容步山径，抚松竹，与麛共偃息于长林丰草间。坐弄流泉，漱齿濯足。既归竹窗下，则山妻稚子，作笋蕨，供麦饭，欣然一饱。弄笔窗前，随大小作数十字，展所藏法帖、墨迹、画卷纵观之。兴到则吟小诗，或草《玉露》一两段，再烹苦茗一杯。”

李清照、赵明诚夫妇更是把茶与书画之乐玩入了闺房且玩得高雅。《金石录后序》中李清照回忆：“后屏居乡里十年，仰取俯拾，衣食有余。连守两郡，竭其俸入，以事铅椠。每获一书，即同共勘校，整集签题。得书、画、彝、鼎，亦摩玩舒卷，指摘疵病，夜尽一烛为率。故能纸札精致，字画完整，冠诸收书家。余性偶强记，每饭罢，坐归来堂烹茶，指堆积书史，言某事在某书、某卷、第几页、第几行，以中否角胜负，为饮茶先后。中即举杯大笑，至茶倾覆怀中，反不得饮而起。甘心老是乡矣。” 李清照、赵明诚夫妇是宋时文化名人，他们志趣相投，意气相合，两个人都喜欢读书，读书的时候常常在一起打赌，比比谁的记忆力好。方法是一个人提问某个典故的出处，另一个人要回答出这个典故出在哪本书中的哪个位置，答对的就是赢家，答不对者为输家，胜者的奖品就是一杯香茶。快乐的日子总是短暂，南渡之后，赵明诚染病逝去。这位婉约词派代表，有着“千古第一才女”之称的李清照作《鹧鸪天》，其中有“酒阑更喜团茶苦，梦断偏宜瑞脑香”之语，用酒、茶、香写愁，表达了自己家、国俱失的愁苦。清代诗人纳兰性德亦曾感慨道：“赌书消得泼茶香，当时只道是寻常。”

我们接着选录几幅传世古画，一观历代文人生活之风雅。

宋画《围炉博古图轴》绘庭中栏外苍松劲挺、古梅吐艳。屏风前

〔宋〕张训礼《围炉博古图轴》（台北故宫博物院藏）

明人摹宋《宋人十八学士图》（台北故宫博物院藏）

有三人正围坐在束腰长桌两侧，二人坐榻上，一仆展画于榻前，画后方桌面有花瓶一只。榻上二人，一人正身，全神贯注观画；一人边盥手边回首欣赏。靠背扶手座椅上有一人，边看画，边研磨，似为点茶而备。另有一文士园中踱步，似在吟诗，远处石案有瓶插红珊瑚一束及花器若干。

在明人所摹《宋人十八学士图》中的园苑内，蕉绿榴丹，石笋奇古，柳枝摇曳。庭前栽菖蒲、含羞草、棕榈于佳器内。树下置八扇折屏，屏上画图青山隐隐，云雾缭绕，村树朦胧，为典型的米家山水风格。折屏前有“剔犀”漆榻、瓷墩，文士四人围坐，二手谈，二观战，情态天然，惟妙惟肖。旁有小僮分执如意、团扇随侍。画作前方石桌摆放着茶、酒器皿及水果。两个童子正在点茶，一童双手捧白色茶瓯、黑漆托子，一童托白瓷执壶正欲注茶入碗。

明人绘《元人听琴图》，于溪畔桐荫下设立屏一架，屏上绘山水渔舟小景，旁有奇石绿竹。一文人坐榻上抚琴，三文人围坐听音，一童子侍立于侧。另有三童子在添香、扇火、备茶。香几上香具成套，长桌上摆放着水盂、茶碾、茶托、茶盏等器，十分讲究。

《秋庭书壁轴》绘秋日的枫树与桐树之下，数位文人正在庭院雅聚。一人于栏后赏景，有小童捧册相随。一人举笔题壁，书童在桌后挽袖研墨，旁有人立观。另两人坐于桐荫，正展卷一观。树荫下、蕉石旁另有小童数人旁侍，最为醒目的是有二童正在清洗茗碗。

对于由艺得趣的雅致生活，历代文人多有论说。宋代苏舜钦《答韩持国书》描绘：“静院明窗之下，罗列图史琴樽以自愉悦，有兴则泛小舟，出盘阊二门，吟啸览古于江山之间，渚茶、野酿足以消忧，

明人绘《元人听琴图》（台北故宫博物院藏）

元人画《秋庭书壁轴》（台北故宫博物院藏）

〔明〕仇英《园林清课图轴》局部（台北故宫博物院藏）

清画院画《十二月月令图·九月轴》局部（台北故宫博物院藏）

莼鲈、稻蟹足以适口。”明代茶学大家许然明讲：“听歌闻曲……鼓琴看画……小桥画舫，茂林修竹，课花责鸟，荷亭避暑，小院焚香。”清人曹庭栋《老老恒言》评，“幽窗邃室，观弈听琴，亦足以消永昼”，“笔墨挥洒，最是乐事，素善书画者，兴到时，不妨偶一为之。书必草书，画必兰竹，乃能纵横任意，发抒性灵，而无拘束之嫌”。民国周作人最天然，在《喝茶》一文中他娓娓言道：“喝茶当于瓦屋纸窗之下，清泉绿茶，用素雅的陶瓷茶具同二三人同饮，得半日之闲，可抵十年尘梦。喝茶之后再去继续修各人的胜业，无论为名为利，都无不可，但偶然的片刻优游亦断不可少。”

中国传统文化天生就是和谐的、审美的，它源于自然，归于自然。个人以为中国传统文化最滋润的功用就是它能养人，可以把你养在一个惬意和谐的母体中，让你与天地宇宙相融合一，自己养着自己。琴音怡神解疲，对弈活跃思维，书画调练心境，诗词抒怀遣郁，酒促血液循环，香能醒脑除秽，花可悦目赏心，再加上穿插其间“久食益意思”的茶，这个朋友圈里的每一位都不无裨益于人。自古以来，中国人所行之路，不是心往不返，极目无穷，而是“反身而诚，万物皆备于我”，与天地有了默契，天地必滋养你于其中。此为琴，彼为棋，你为诗，他为画……同行道，不过是载体不同罢了。恰如本书的主人公，这个可清平可富贵，可出世亦可入世的杯中清物——茶，你跟它默契了，就会与它一味了。

揉捻工艺自元兴

元代农学家王祯在《农书》中录述揉捻工艺：

“采讫，以甑微蒸，生熟得所。蒸已，用筐箔薄摊，乘湿略揉之。”

揉捻工艺出现之后，茶的滋味很容易浸于汤水，方便瀹泡。

蒙古人取西夏，灭金宋，收吐蕃、大理，建立元朝。元政府编印出版了《农书》《农桑撮要》两部农业专门书籍，这两部书内都有关于茶叶制法及茶树栽培的内容，可以看出其时元人对茶业是倡导与支持的。在元代茶事中尤其重要的是揉捻工艺的诞生。为何揉捻工艺诞生在了元代而不是其他朝代呢？如我们过去所说，万事的发生都有它底层的逻辑做支撑，揉捻工艺不是偶然出现的，它的出现离不开它所处的社会大环境与生产生活的需要。

蒙古人入主中原后，其疆域不断扩大，《元史·地理志》记其“北逾阴山，西极流沙，东尽辽左，南越海表”，“东南所至不下汉唐，而西北则过之，有难以里数限者矣。”13 世纪蒙古人又不断向外扩张，势力范围达到空前程度。如此广大的疆域使得其时茶叶贸易的运输成了大问题，遥远的路途势必需要茶叶运输朝着运转方便、效率提高的方向变革。有效缩小散茶体积会更加便于储存与运输，于是揉捻工艺顺势而生。通过揉捻，可以令茶叶的条形更紧实，散茶的体积得到实质性的缩小，利于储存与运输。揉捻工艺使得茶叶内部细胞破裂，茶的内含物质浸出率提高，为散茶瀹泡及氧化、发酵程度更高的新茶类的出现提供了必要的技术准备。

元代农学家王祯在《农书》中录述揉捻工艺：“采讫，以甑微蒸，生熟得所。蒸已，用筐箔薄摊，乘湿略揉之。”揉捻工艺出现之后，茶的滋味很容易浸于汤水，方便瀹泡，故揉捻工艺被后世普遍采用，这在其后的明代茶书中多有记载。张源《茶录》记揉捻：“新采……急炒，……轻团那数遍。”罗廪《茶解》：“茶炒熟后，必须揉挪。揉挪则脂膏溶液，少许入汤，味无不全。”故元后碾、罗之法

宋至元龙泉窑青瓷撇口盏（台北故宫博物院藏）

不再适用。

元代王祯在约公元 1300 年写就的《农书·百谷谱十·茶》记："茶之用有三：曰茗茶，曰末茶，曰蜡茶。凡茗煎者择嫩芽，先以汤泡去薰气，以汤煎饮之，今南方多效此。然末子茶尤妙，先焙芽令燥，入磨细碾，以供点试。"《农书》中所提"茗茶"指的是煎饮用的经过揉捻的芽茶散茶，即元代饮膳太医忽思慧在约公元 1330 年写就的《饮膳正要·卷二诸般汤煎》中所讲的"清茶，先用水泡过，滤净，下茶芽，少时煎成"。"末茶"指的是把茶芽蒸青后捣碎，再把捣碎的茶芽进行干燥，之后碾成细末状的干茶，用于点茶。《农书》记点茶时要"钞茶一钱匕，先注汤，调极匀，又添注入，回环击拂，视其色鲜白，著盏无水痕为度"。蜡茶是三者中的精品，"蜡茶最贵，而制作亦不凡。择上等嫩芽，细碾，入罗，杂脑子诸香膏油，调剂如法，印作饼子，制样任巧。候干，仍以香膏油润饰之。其制有大小龙团，带胯之异，此品惟充贡献，民间罕见之。始于宋丁晋公，成于蔡端明。间有他造者，色香味俱不及。"蜡茶的制作方法是因袭宋而来，但中间减去压榨出膏的环节，蜡茶之所以称为"蜡"，一是因为加工过的茶饼表面浸润了"诸香膏油"，看起来光滑如蜡；二是在其点试时汤如熔蜡，宋人程大昌《演繁录》记："蜡茶，建茶名，蜡茶为其乳泛盏面，与熔蜡相似，故名蜡面茶也。"如此奢华的蜡茶在民间基本上是见不到的，均作为贡品入宫。

笔者见到的最早描述蜡面茶的字眼出现在唐末至五代人齐己、徐夤之诗及五代毛文锡之《茶谱》中。齐己在《谢灉湖茶》中说："灉湖唯上贡，何以惠寻常。还是诗心苦，堪消蜡面香。碾声通一室，烹色带残阳。若有新春者，西来信勿忘。”徐夤在收到友人闽国尚书寄来的蜡面茶后写《尚书惠蜡面茶 》一首答谢：“武夷春暖月初圆，采摘新芽献地仙。飞鹊印成香蜡片，啼猿溪走木兰船。金槽和碾沉香末，冰碗轻涵翠缕烟。分赠恩深知最异，晚铛宜煮北山泉。”五代毛文锡《茶谱》明确指出其时的蜡面茶出自福州地区，云“（福州）蜡面”。其后宋人熊蕃的《宣和北苑贡茶录》亦讲蜡面茶出自福州地区：“毛文锡作《茶谱》，亦第言建有紫笋，而蜡面乃产于福。”熊蕃接着说：“太平兴国初，特制龙凤模，遣使臣即北苑造团茶，以别庶饮。”可见，最早见于文字记载的三国《广雅》中的饼茶一路前行，及至唐宋，饼茶均居于主导地位。后来在宋代皇家奢靡无度的茶风引领下，饼茶走上了一条衰落之路。南宋起，散、末茶慢慢发展。元代，饼茶、散茶进行了主次转换。最后，制造最简、成本最低、经过揉捻滋味最易溶出的散茶风生水起，这是其后散茶在明代得以大行其道的深层原因。

蒙古人入主中原后，学习汉族文化，亦受到了茶文化的熏陶。元代诗人马祖常在《竹枝词·咏茶》里说：“太官汤羊厌肥腻，玉瓯初进江南茶。”元代饮茶方式处在唐宋煎、点至明代散茶瀹泡的过渡阶段，煎、点、泡茶法并存，制茶、饮茶流程趋于简化。我们从元代刘贯道《消夏图》及山西屯留康庄村元墓壁画来看看其时的饮茶风貌。

元代画家刘贯道的《消夏图》中，置重屏为背景，画中有画，尤为别致。翠竹芭蕉下，一高士袒胸、赤膊、露足，手执麈尾，高卧于榻上纳凉。其背后有一方桌，桌上有瓶花、茶托等物件。桌、榻相接

〔元〕刘贯道《消夏图》局部（美国纳尔逊·艾特金斯博物馆藏）

处斜置一乐器——阮。榻后屏风之上又绘一山水屏风，山水屏风前，右侧画一老者坐于榻上，旁有一小童侍立。左侧置一桌，上有盖罐、汤瓶、茶盏、茶托等器物，两小童正在桌旁备茶。

在古人“事死如事生”的丧葬观念影响下，厨炊宴饮成为历代墓室壁画不可缺少的题材，它生动地反映着墓主人当时的生活面貌。在山西屯留康庄村元墓壁画中，绘有茶磨、茶罐、茶盏、托等器物。图中左侧侍女双手持注壶作点汤状，右侧侍女右手执茶筅在左手所托的一件带有短流的器物中作搅拌状。

元代，有一件发生在赵孟頫身上的脍炙人口的茶事，叫作“写经换茶”。赵孟頫（1254—1322），字子昂，号松雪道人，宋末元初书法家、画家，官至翰林学士、荣禄大夫。其与欧阳询、颜真

山西屯留康庄村元墓壁画《侍女备茶图》

卿、柳公权并称“楷书四大家”，开创元代新画风，被称为“元人冠冕”。明代王世贞曾说：“文人画起自东坡，至松雪敞开大门。”中峰明本禅师（1263—1323）是元朝的有道高僧，为西天目山住持，江南禅宗一代宗匠，元仁宗赐号“广慧禅师”。赵孟頫与中峰明本相识于大德年间，赵孟頫夫妻皆以弟子礼事之，由此，二人诗书往还，结下了深厚的方外交谊，并留下了段段佳话，其中就有“写经换茶”之事。

写经、抄经对于有信仰的善男信女来说不仅可以熏习佛法，于笔墨中见因果，亦是对佛虔诚的一种表达。《心经》，又称《般若波罗蜜多心经》，经文仅有260字，短小精粹，便于持诵，故历代帝王将相、文人僧侣均喜抄摹《心经》。以其为内容的书事颇多，其中就

懷淨土詩
西天目山幻住沙門明本譔
集賢學士資德大夫弟子趙孟頫書
塵沙刦又塵沙刦數盡塵沙刦未休當
念只因情未撇無邊生死自羈留
四大聚成玄兔角六根拘住白龜毛泥
花影裏翻筋斗出沒閻浮是幾遭
六時不斷雨天花風味新奇孰可加清
旦滿盛衣裓裏歸來重獻佛袈裟
樂土本無三惡道禽聲渾是佛宣流當
機未盡衆生累啼斷三春卒未休
鸚鵡頻伽繞樹鳴春風好音和雅政堪
聽殷懃不斷緣何事由為勞生昧已靈
捏目横生空裏花妄將三界認為家大

〔元〕赵孟頫《书僧明本怀净土诗卷》局部（台北故宫博物院藏）

和南拜覆
中峯大和上師父侍前
弟子趙孟頫謹封
弟子趙孟頫和南拜覆
中峯和上師父侍者 孟頫自老妻之亡
傷悼痛切如在醉夢當是諸幻
未離理自應爾雖疇昔蒙
師訓誨到此亦打不過蓋是平生
得老妻之助廿年一旦哭之使
特失左右手而無郎一家痛之也
如何可過蒙
和上深念書來師德憫以
法語又重以悼章又加以祭文目者[illegible]
此回當通悟於生死之塗決定無疑
[illegible]於祭祀之精文施人了盛禮兄
非所宜蒙[illegible]為[illegible]不知摒何上[illegible]
師恩雖亡者與身已感佳
我師精神之所感通者亦豈無[illegible]於
[illegible]揀擇[illegible]著托此則過之大
厥田後見靈山[illegible]與復雜紙便
寫不知所云六月廿八日弟子趙孟頫和南
拜覆
中峯大和上師父侍前

〔元〕赵孟頫《致中峰和尚尺牍》（台北故宫博物院藏）

有赵孟頫书写《心经》来换取中峰明本禅师之香茶的故事。这个故事被明人仇英绘成了一幅有名的茶画，叫作《写经换茶图》。

画中松林树下，赵孟頫与老友中峰明本禅师于石几对坐，石几上写经用的纸才刚刚摊开，赵孟頫正待执笔作书，老禅师在一旁一脸恭敬地拭目以待。此时一个小童手捧茶笼向二人走来，赵孟頫立刻扭过头，目不转睛地盯着童儿手里的茶笼，没错，那就是写经的“润格”：一盒香茶。画面左侧设一案几，上置茶托、茶盏等器物，旁有

〔明〕仇英《写经换茶图》局部
（美国克利夫兰博物馆）

〔明〕钱谷《洗桐图轴》（台北故宫博物院藏）

一童子正在炉前煎水。

元末倪瓒擅画山水，师法董源，受赵孟頫影响颇多。倪瓒（1301—1374），字泰宇，别字元镇，号云林子。倪瓒与黄公望、王蒙、吴镇合称“元四家”。倪瓒给桐树洗澡的故事家喻户晓，明人钱谷曾画《洗桐图轴》叙此事。画中桐高百尺，枝叶茂密。孔窍奇突的巨石前，两童子一在地上递桶，一据高枝洗桐。倪瓒安坐椅上督视，愉悦微笑。倪瓒的洁癖在历史上是出了名的，殊不知他也是位爱茶之人，这两个爱好叠加，倪瓒给后世留下了一件茶史趣闻。顾元庆《云林遗事》录：“光福徐达左，构养贤楼于邓尉山中，一时名士多集于此。元镇为尤数焉。尝使童子入山担七宝泉，以前桶煎茶，以后桶濯足。人不解其意，或问之，曰：‘前者无触，故用煎茶；后者或为泄气所秽，故以为濯足之用。”顾元庆叹道：“其洁癖如此。”

元代，异族统治下的文人们遇到了前所未有的问题，他们中的绝大多数不为朝廷所用，很多人沦落到了社会底层。宋末元初谢枋得在其《叠山集》中言：“我大元典制，人有十等：一官、二吏，先之者，贵之也，谓其有益于国也；七匠、八娼、九儒、十丐，后之者，贱之也，谓其无益于国也。”元末余阙说：“小夫、贱隶，亦以儒者为嗤诋。”就连耶律楚材这样的知名人物在受到打击后也曾说：“国家方用武，耶律儒者何用？”这种社会环境下，一部分文人选择了避世，他们隐迹山林，寄情自然，画山描水，古鼎清泉，赋诗品茶，以茶来冲开心中的郁结，于是对茶之真香真味的追求与返璞归真的茶风成了元代文人品茶的不二选择，元代倪瓒《安处斋图》很好地诠释了这一风貌。画中远山淡淡，水波不兴，湖岸山坡描树数株，两

〔元〕倪瓒《安处斋图》（台北故宫博物院藏）

间矮房现于坡后。右下方题诗："湖上斋居处士家，淡烟疏柳望中赊。安时为善年年乐，处顺谋身事事佳。竹叶夜香缸面酒，菊苗春点磨头茶。幽栖不作红尘客，遮莫寒江卷浪花。"简约安逸、与世无争的茶酒生活跃然纸上。

黑茶人造始安化

山西茶商翻山越岭跑到安化来，与占有得天独厚产地优势的聪明的安化人一拍即合，开始仿制四川乌茶。

这是真正意义上人为主动探索黑茶类发酵、制作技术的开端，且在安化成功。

散茶很早就有，并非始自其风行天下时的明代。陆羽《茶经》曾记“有粗茶、散茶、末茶、饼茶者”，即唐代成品茶的形态有饼茶、末茶、散茶、粗茶四种，此时陆羽并未详细描述散茶的特点。到了五代，毛文锡在《茶谱》中详细记录了其时散茶的形制特点及名称：“蜀州晋原、洞口、横源、味江、青城，其横源雀舌、鸟嘴、麦颗，盖取其嫩芽所造，以其芽似之也。又有片甲者，即是早春黄芽，其叶相抱如片甲也。蝉翼者，其叶嫩薄如蝉翼也。皆散茶之最上也。”毛文锡还记录了包装茶叶的纸张，这是笔者目前见到的最早的有关茶叶包装的记录：“抚州有茶衫子纸，盖裹茶为名也。”宋代散茶不是主流，但其已经有了自己的产区，且日渐受到关注。北宋欧阳修《归田录》记：“腊茶出于剑、建，草茶盛于两浙。两浙之品，日注为第一。自景祐以后，洪州双井白芽渐盛，近岁制作尤精……其品远出日注上，遂为草茶第一。”南宋叶梦得在《避暑录话》中说：“草茶极品，惟双井、顾渚，亦不过各有数亩。双井在分宁县……顾渚在长兴县。”宋元之际马端临编撰的典章制度史《文献通考》中记道：“茗有片、 有散，片即龙团旧法，散者不蒸而干之，如今之茶也。”到了元末明初，学者叶子奇的《草木子》中记：“民间止用江西末茶，各处叶茶。”

明洪武二十四年（1391），朱元璋一道诏旨，令茶废团改散，“岁贡上贡茶，罢造龙团，听茶户惟采芽茶以进”，把团茶都废掉，喝散茶。前文讲过，揉捻工艺加持下的散茶，其生产成本最低、操作最易、浸出率高是其得以在明代大行其道的深层原因。而明政府推行的政令用现代词汇诠释恰恰是生产关系适应了生产力的发展，政令

安化高马二溪野生茶青所制黑毛茶

推广下，经过揉捻的散茶大行其道，散茶瀹泡方式一直延续到如今。明代文震亨《长物志》对唐宋、明代饮茶方法做了比较，他说唐宋："其时法用熟碾为丸、为铤，故所称有龙凤团、小龙团、密云龙、瑞云翔龙。"接着讲明代饮茶方法："而吾朝所尚又不同，其烹试之法，亦与前人异，然简便异常，天趣悉备，可谓尽茶之味矣。"

揉捻工艺、散茶风行，二者的结合为黑茶的人为制作提供了可能。站在中国茶类发展史的角度上看，朱元璋对此是有贡献的。一个新工艺的诞生影响了后世诸多饮茶方式，这是多么有意义的事情。在上述因素的推动下，真正意义上的黑茶在明代出现了。

远在唐代，就出现了专供周边少数民族饮用的粗老绿茶——边销茶。《新唐书·陆羽传》载："时回纥入朝，始驱马市茶。"宋黄庭坚亦有"蜀茶总入诸蕃市，胡马常从万里来"之语。西汉以来的征榷制度为历代王朝所用，榷，本义为独木桥，引申为专卖、垄断。榷茶制即茶叶专卖制，始见于唐代。茶叶最早入税于唐建中三年（782），其时大臣赵赞上奏："乃于诸道津要置吏税商贸，每贯税二十文；竹、木、茶、漆，皆十一税一，以充常平之本。"这是文献中最早的税茶记录。《旧唐书·郑注传》记唐大和年间（827—835）唐文宗"乃命王涯兼榷茶使"，唐宣宗时（852）裴休任盐铁转运使，立茶法十二条，唐代茶法基本形成，并对后世产生了深远影响。唐代又用边销茶换马，诞生了历史上有名的"茶马互市"。"茶马互市"起于唐、宋，断于元，继于明清，是古代中原地区汉民族与边疆少数民族间一种传统的以茶易马或以马换茶的贸易往来。不用货币买马的原因，一是运钱不便，同时又担心对方把铜钱铸成兵器，故以布帛及无用之茶叶易马。“茶马互市”在满足国家充实军备需要的同时，也达到治边安疆的目的。那时候，参与茶马交易的由四川粗老绿茶制成的蒸青团茶在运往边境交易的路途中顶风冒雨，人扛马驮，跋山涉水。长达数月的运茶路上，茶叶在行进中颠簸，在湿热作用下，茶叶内的多酚类物质发生了氧化，本是绿色的原茶，到达目的地后外表变成了乌青色，所以人们将之称为 “乌茶” 。四川乌茶，应该是中国黑茶最早的形态。

在元代，马匹资源本就为作为入主中原少数民族的蒙古人所自有，故此时茶马交易已无必要。朱元璋推倒大元建立明朝，明政府自己没有马源，依然需要从边疆买马，于是明政府“专令蒸乌茶易马”，茶马交易又随之出现，“黑茶”一词也随之而来。“黑茶”两

安化野生茶 “山崖水畔，不种自生”

个字，从文字资料里看，最早见于明嘉靖三年（1524）御史陈讲的奏疏中。陈讲在奏疏中讲道："以商茶低伪，悉征黑茶。地产有限，仍第为上中二品，印烙篾上，书商名而考之。每十斤蒸晒一篾，运至茶司，官商对分，官茶易马，商茶给卖。" 明代茶马交易中所用之茶是由政府控制的称为官茶的汉、川一带的茶。安化黑茶在没有定为官茶之前，是不能随意边销的。但是滋味醇和厚重的安化黑茶质高价廉，产量又大，很快就赢得了边疆少数民族的喜爱。安化黑茶的味美价廉对官茶形成了严重冲击，政府为了稳定市场，保证收益，就把安化黑茶变为官茶，用于茶马交易。

那么安化黑茶横空出世横扫汉、川茶的原因是什么呢？很简单，就落在一个"利"字上。安化人杰地灵，自古就是茶叶生产区。《安化县志》对安化茶叶资源的描述是"山崖水畔，不种自生"，"崖谷间生殖无几，唯茶甲诸州县。不仅茶多，且质优"。在巨大的利益诱惑下，对市场信息嗅觉敏锐的山西茶商翻山越岭跑到安化来，与占有得天独厚产地优势的聪明的安化人一拍即合，开始仿制四川乌茶。这个历史节点大家一定要记住，这是真正意义上人为主动探索黑茶类发酵、制作技术的开端，且在安化成功。其后，黑茶制作技术渐渐传播开来，有了我们今天熟知的湖南安化黑茶、陕西泾阳茯茶、湖北老青砖茶、祁门安茶、四川藏茶、广西六堡茶、云南普洱茶。

吴门四家多茶事

文人茶画是一门生活的艺术，也是生活的美学，是中华茶文化在不断递进中发生的新演绎。
这些画作很多得以保留至今，令你我能一睹其时茶事纷呈，实为大幸。

云岩寺塔位于苏州市虎丘山上，俗称虎丘塔

在明代，黑茶诞生后还需要提及的重要茶事有三：明中期虎丘茶这个出自烘青工艺的绿茶的诞生及受其影响的松萝茶的诞生，蒸青工艺绿茶——岕茶——的崛起。

彼时的苏州，社会安定，物庶人丰，是国内经济、文化高地。那里文人荟萃，商贾云集，经济发达，官商巨贾们都跑到苏州修园林定居生活，使得文化、审美氛围浓重，生活质量颇高，这也间接促使了作为食品饮料的茶叶制作工艺的改良。虎丘茶是明代苏州虎丘山寺庙内和尚种植、制作的，他们发明了独特的绿茶烘青工艺。烘青工艺，先炒后烘，揉捻较轻，通过炭火产生热量，利用热风对茶叶进行干燥。得益于湿热作用，烘青绿茶的干燥过程中茶叶内可溶性糖类与氨基酸会有明显增加，虽然香气略低于炒青绿茶，但整体口感更加淡雅舒适。明人追求闲适、清雅、恬静的生活，茶以寄情，故烘青绿茶虎丘茶的出现极合乎当时士人的审美情旨，受到了他们的青睐及广泛赞誉。青藤画派鼻祖青藤老人徐渭曾说："虎丘春茗妙烘蒸。"隆万之际独擎文坛大旗二十年的"后七子"领袖王世贞赞虎丘茶为："虎丘晚出谷雨候，百草斗品皆为轻。"

茶史上，文人历来是推动茶文化发展的中坚力量。明代中期，被誉为"吴门四家"的沈周、文徵明、唐寅、仇英名声鹊起，四人活动在吴中，诗、词、歌、画无一不精，他们亦是深谙茶中三昧之人，奉茶为甘芳高洁之物，视瀹茗为清新高雅之事。爱茶的他们在自己的作品中以茶入画，感悟人生，寄托精神，舒放性灵，留下了不少珍贵的茶事画作，这些画作很多得以保留至今，令你我能一睹其时茶事纷呈，实为大幸。文人茶画是一门生活的艺术，也是生活的美学，是中

〔明〕仇英《虎邱图轴》（台北故宫博物院藏）

华茶文化在不断递进中发生的新演绎。

到过苏州的朋友都知道，苏州的虎丘，相传是吴王阖闾墓冢所在地，其墓道口就在剑池深处。《史记》记载吴王阖闾葬于此，传说葬后三日有“白虎蹲其上”，故名虎丘。《苏州府志》说茶圣陆羽在贞元年间曾长期寓居苏州虎丘，一边著书，一边研究茶学。他发现虎丘有一泉水，汲水饮茶，质甘清凛，为水之美者。于是就在虎丘山上挖石筑井一眼，此井被后人称为“陆羽井”，亦称“陆羽泉”。陆羽泉被唐代品泉家刑部侍郎刘伯刍评为“天下第三泉”。明代王鏊曾赋诗：“翠甃无声滑碧鲜，品题谁许惠山先？”现在的陆羽井为一长方形水池，一丈多见方，井四周石壁陡峭如削。石肌天然，色呈褐赭，秀若铁花。宋代苏东坡曾来此游赏，赞其为“铁华秀岩壁”，后人遂将其称作“铁华岩”。“铁华岩”这三个字后来被清代范承勋手书，并被刻于石壁之上。今日凡游山的怀古之士无不至此一睹这“陡崖垂碧湫，古苔铁花冷，中横一线天，倒挂浮图影”的泉石盎然之境。

沈周（1427—1509），字启南，号石田、白石翁，长洲（今苏州）人。沈周隐居乡里，奉母耕读，终身未仕，其画闻名当代，与唐寅、文徵明、仇英并称“吴门四家”。沈周喜茶承自家风，他在《客座新闻》中记：“吴僧大机所居，古屋三四间，洁净不容唾。善瀹茗，有古井清洌为称。客至，出一瓯为供饮之，有涤肠湔胃之爽。先公与交久，亦嗜茶，每入城，必至其所。”沈周同《岕茶别论》的作者周庆叔是好友，二人经常相聚品茗。沈周在《书岕茶别论后》说：“自古名山，留以待羁人迁客，而茶以资高士，盖造物有深意。而周庆叔者为《岕茶别论》，以行之天下。度铜山金穴中无此福，又

苏州虎丘天下第三泉

恐仰屠门而大嚼者未领此味。庆叔隐居长兴，所至载茶具，邀余素瓯黄叶间共相欣赏。恨鸿渐、君谟不见庆叔耳，为之覆茶三叹。”喜茶的沈周心仪第三泉，故有了他《月夕汲虎丘第三泉煮茶坐松下清啜》的清雅茶画：

夜扣僧房觅涧腴，山僮道我吝村沽。
未传卢氏煎茶法，先执苏公调水符。
石鼎沸风怜碧绉，磁瓯盛月看金铺。
细吟满啜长松下，若使无诗味亦枯。

去岁夜泊虎丘，汲三泉煮茗，因有是诗。为惟德作图录一过，惟德有暇能与重游以实故事，何如，沈周。

文徵明（1470—1559），从学沈周，与沈周共创“吴派”。现藏南京博物院的《中庭步月图》即是其茶事画图中的一幅。嘉靖十一年（1532）的一个月夜，文徵明与友人在山房小聚，酒饮微醺后起步中庭，命童子起火烹茶，品茗于风檐之下。其时月如银盆，桐树枝叶萧疏，投影在地，四外寂静无声，文徵明不禁想起了苏东坡的名短篇《承天寺夜游》所记“解衣欲睡，月色入户，欣然起行”之语。兴之所至，绘《中庭步月图》，赋诗其上：“明河垂空秋耿耿，碧瓦飞霜夜堂冷。幽人无眠月窥户，一笑临轩酒初醒……风檐石鼎燃湘竹，夜久香浮乳花熟。”并题：“十月十三夜，与客小醉，起步中庭。月色如画。时碧桐萧疏，流影在地，人境俱寂，顾视欣然。因命童子烹苦茗啜之。还坐风檐，不觉至丙夜。东坡云：何夕无月。何处无竹

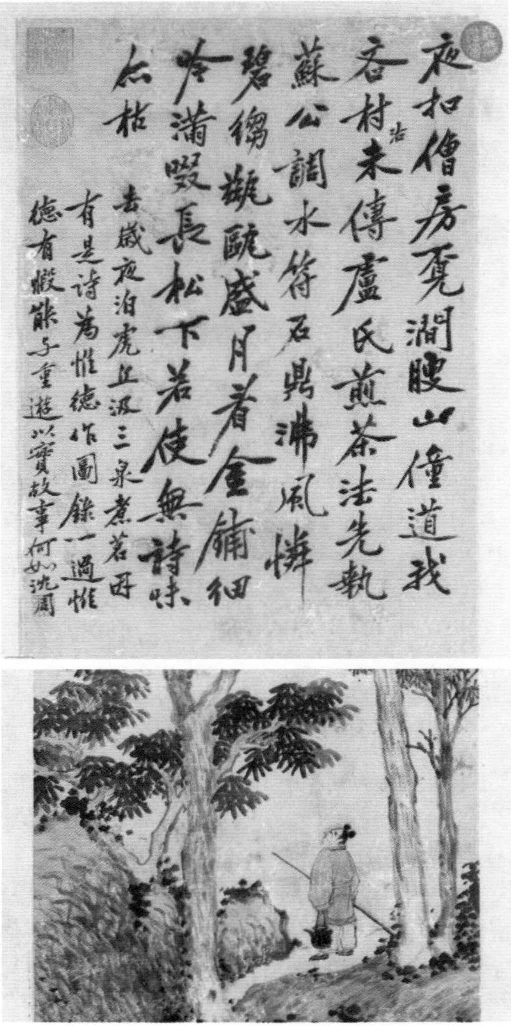

〔明〕沈周《汲泉煮茗图轴》局部（台北故宫博物院藏）

柏影，但无我辈闲适耳。嘉靖壬辰徵明识。”文中“风檐石鼎燃湘竹，夜久香浮乳花熟”，“因命童子烹苦茗啜之”均为明人生活中茶事的生动写照。

历史上有为数不多的多面性天才人物，唐寅称得上是其中之一。唐寅（1470—1524）字伯虎，号六如居士，苏州吴县人，明代画家、文学家，有“江南第一风流才子”之称，民间故事《唐伯虎点秋香》中的男主人公。弘治十一年（1498）唐寅中应天乡试第一名解元。次年入京会试的唐寅对自己的仕途踌躇满志，行前绘了一幅寓意及第的《杏花图》并题诗：“秋月攀仙桂，春风看杏花。一朝欣得意，联步上京华。”在他早期涉茶的《山水卷》画作中也流露了其对入仕的倾向。《山水卷》中绘布满松、竹、杂树的山崖下有屋数间，林木茂盛苍翠。屋内一着朱服官员端坐榻上，焚香赏景，颇为闲适。隔壁屋内一小童正烹火侍茗。

〔明〕文徵明《中庭步月图》（南京博物院藏）

〔明〕唐寅《山水卷》局部（台北故宫博物院藏）

世事难料，本来仕途顺畅的唐寅入京后却为好友徐经所涉科举案牵连而入狱，经多方救助，唐寅以被永世剥夺科举资格的代价出狱，接着被贬放浙江为小吏。满怀冤屈的唐寅无限愤慨，拒绝了这一被他认为有辱身份的差使，并表示“岁月不久，人命飞霜，何能自戮尘中，屈身低眉以窃衣食？士也可杀，不能再辱！”从此他绝意仕途，遍游名山大川，以丹青自娱，靠鬻文卖画为生。唐代李公佐《南柯太守传》里描写东平人淳于棼醉于古槐树下，梦见自己来到槐安国做

〔明〕唐寅《桐荫清梦图》（故宫博物院藏）

了二十年南柯太守，娶漂亮公主为妻，生儿育女，尽享人间富贵荣华，醒后才知道是一场大梦。“十里桐阴覆紫苔，先生闲试醉眠来；此生已谢功名念，清梦应无到古槐”，《桐阴清梦图》正是唐寅在科场案后看破红尘，不再追求功名，幽居林下的真实写照。明代士人喜茶，幽居林下的唐寅，自然也离不开这个“与醍醐、甘露抗衡也”的杯中清物。五十岁时他在自寿诗里说：“子孙满眼衣裁彩，宾客迎门酒当茶。”上年纪后，他在平时大多都是饮茶的，在喜逢自己五十大寿之日，出于对宾客的尊重，才破例来以酒代茶。 唐寅曾写过不少茶诗，亦有涉及茶事的作品《款鹤图》《煎茶图》《斗茶图》《煮茶图》《事茗图》《品茶图》等佳作存世。其中以台北故宫博物院的《品茶图》、故宫博物院的《事茗图》最为著名，我们来看一下这两幅茶画。

《事茗图》内，远处峰峦起伏，山间飞瀑如练，山下溪水潺潺。近处两块怪石一高一低，左右耸立，其间有茅屋数间，临水而建。右

〔明〕唐寅《事茗图》（故宫博物院藏）

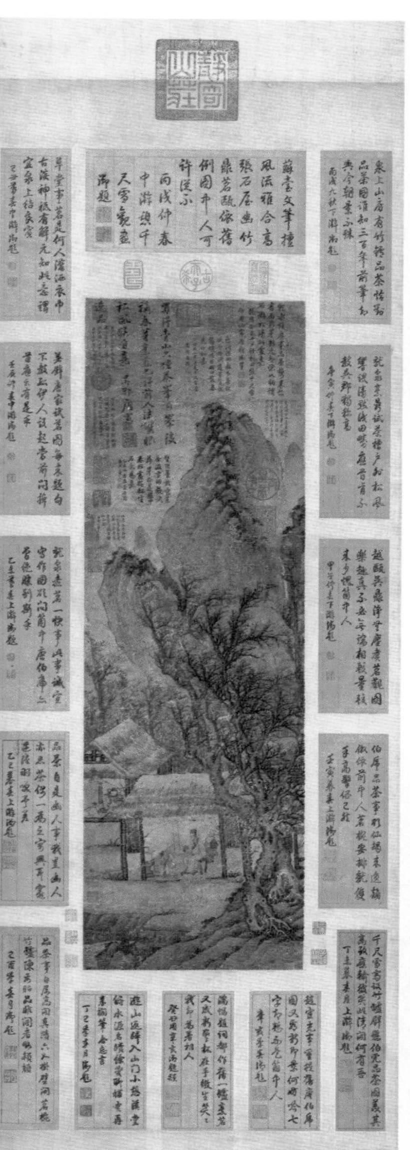

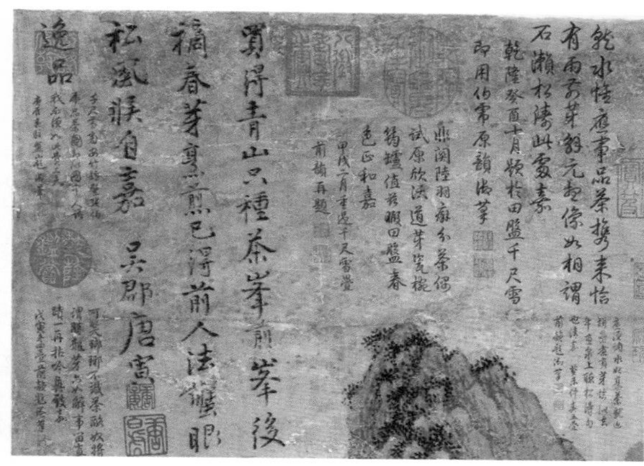

〔明〕唐寅《品茶图》（台北故宫博物院藏）

侧屋外，一拄杖老者携一捧琴小童，正徐徐跨过小桥来访。双松茅屋内，一文士正在伏案读书，旁置茶壶、茶盏。最左侧的房间内有一个小童，在侍火烹茶。画面的左侧，有唐寅自题诗一首："日长何所事，茗碗自赍持。料得南窗下，清风满鬓丝。"风声、溪声、琴声、煮茶声同绘者心声交汇，融为一体，书香、茶香幽扬于天地时空。淡淡的清雅，释然的洒脱，宇宙的美妙，都被唐寅超然展示于笔端，令赏者心怡。连乾隆皇帝也不禁于画面右上角留诗题记："记得惠山精舍里，竹炉瀹茗绿杯持。解元文笔闲相仿，消渴何劳玉常丝。甲戌闰四月雨，余几暇，偶展此卷，因摹其意，即用卷中原韵题之，并书于此。"

这幅画心四周裱满了诗词的画作正是被乾隆皇帝挂在静寄山庄千尺雪茶舍的唐寅之作《品茶图》。其画心四周裱满了乾隆在茶舍品茶时的诗作，可见乾隆皇帝对它的喜爱。在画中，唐寅题诗："买得青山只种茶，峰前峰后摘春芽。烹煎已得前人法，蟹眼松风娱自嘉。"别人买山，种树、养畜，发展经济，而唐寅买山就是用来种茶制茶，烹煮品饮，以青山为依，以香茗为伴，自娱自乐，陶醉其中的。一个"只"字即说明了唐寅的痴茶，如果没有对茶至深的爱，怎能用出如此炽情的字眼呢。

《溪山渔隐图》是唐寅创作的另一涉茶画作。图绘松树丹枫，流泉溪岸，茅舍错落。人物或促膝对酌，曳杖闲步，或凭栏观钓，或拨桨捕鱼，一片祥和的世外桃源景象，令观者向往。唐寅诗题画尾："茶灶鱼竿养野心，水田漠漠树阴阴。太平时节英雄懒，湖海无边草泽深。"旁有乾隆帝御笔："或憩溪亭或漾舟，竿丝原不为槎头。底须姓氏询张孟，总是人间第一流。"林石交错，水岸野

〔明〕唐寅《溪山渔隐图》局部一（台北故宫博物院藏）

〔明〕唐寅《溪山渔隐图》局部二（台北故宫博物院藏）

钓，旁设茶灶，煮水烹饮，以茶为媒，以品作引，境佳韵幽，遂带来心境清宁之天地，恰如唐寅自己所讲：“束书杯茶，氍毹就地，吾事毕已。”

〔明〕仇英《蕉阴结夏轴》（台北故宫博物院藏）

中国历史上从不缺少草根逆袭的励志故事，明代更是如此。大如放小牛之朱元璋，一路逆袭开创了大明帝国。他“废团改散”的政令“开千古饮茶之宗”，让散茶瀹泡法大行其道，使茶饮回归了天然趣味。而“吴门四家”中的仇英则称得上是明代草根励志哥的代表。仇英（约1498—约1552），字实父，号十洲，是“吴门四家”中唯一出身寒门的人。他最早是位油漆工，后来做一些雕梁画栋的彩绘活计，其后拜入画家周臣门下，与唐寅同为周臣弟子。唐寅风

《蕉阴结夏轴》局部

流倜傥，而仇英因为身出寒门，故其在文人圈里一直都很低调，怕被人瞧不起，但这也让他比常人更加刻苦勤奋。仇英之画结合了师兄唐寅的灵动与活跃，又吸取了周臣、文徵明的稳健，在三人之外开出了自己的风貌，终成一代大家。 我们在前文“琴棋书画诗酒茶”一章的起首处已经领略了仇英的精湛画艺，现在再来看看他笔下所绘的明人茶事。《蕉阴结夏轴》中蕉石成荫，凉意宜人。两名高士席地对坐，一人弄阮，一人停琴倾听，有小童弄茶侍于侧面石桌之后。

王维说：“花醥和松屑，茶香透竹丛。”骑驴苦吟的贾岛也有：“对雨思君子，尝茶近竹幽。”竹子历来为茶人所喜，仇英的《移竹图》中荷塘书斋，士人垂钓，小童烹茶，仆役移竹，一派闲适与清逸。明人饮茶“或会于泉石之间，或处于松竹之下，或对皓月清风，

或坐明窗静牖，乃与客清谈款话，探虚玄而参造化，清心神而出尘表”，正是明中叶三教合流趋势下茶事所追求的质朴、温厚、淡雅、端庄之精神需要的反映。于茶中寻找自我，在画中舒展情操，这些在仇英茶事画作中得到了淋漓体现。

〔明〕仇英《移竹图》（台北故宫博物院藏）

宗子老子战花乳

晚明动荡的江山根本配不上他们桌上的这壶茶。

这壶茶，让刀光剑影暗淡，让鼓角铮鸣失声。

这壶里的乾坤、这茶中的世界，能抵它江山万里，能抵那美人如画。

前文讲过，诞生在苏州的虎丘茶刚一出世即以其清绝的滋味成了天下第一茶。“人怕出名猪怕壮”，名是出了，可麻烦也来了。这么好的茶，谁不想来点尝尝？精绝、量少的虎丘茶自然成了虎丘寺外官吏巨贾的心头所想。虎丘茶竭山之出，不过数十斤，僧多粥少，这些人为了得到一点虎丘茶极尽巧取豪夺之能事。地方上的骚扰让寺庙鸡犬不宁，老和尚不堪忍受，被逼得一气之下把茶树全部砍光，以绝烦恼之源。我不喝了，你们也别喝。这个事被文震孟记入了他的《薙茶说》。《松寮茗政》也说：“明万历中，寺僧苦大吏需索，薙除殆尽。文文肃公震孟作《薙茶说》以讥之。至今真产尤不易得。”

寺僧因茶而不堪其扰，导致虎丘茶树被砍，彼时虎丘寺内一个懂得制作烘青绿茶工艺、名叫大方的和尚离开了虎丘寺。在明隆庆年间（1567—1572），大方来到了现在安徽省黄山市休宁县休歙边界黄山余脉的松萝山结庵而居。闲暇时，他采摘当地的山茶，施以虎丘茶的制茶工艺，把它们做成绿茶。当地的茶客哪里见过这种甜醇香幽的精绝烘青绿茶，于是争相抢购，并顺理成章地把这种茶称为“松萝茶”。传承了虎丘茶衣钵的松萝茶的诞生，为中国茶文化史书下了浓重一笔。在这之前安徽产区的茶是不出名的，明代冯时可《茶录》中记：“徽郡向无茶，近出松萝茶，最为时尚。是茶，始比丘大方，大方居虎丘最久，得采造法，其后于徽之松萝结庵，采诸山茶于庵焙制，远迩争市，价倏翔涌。”烘青绿茶工艺的到来使得徽茶声名鹊起，徽商的茶叶贸易也随之蓬勃发展，财源滚滚而来。直到今天，安徽产区的名茶还都是烘青绿茶的天下，例如黄山毛峰、六安瓜片、太平猴魁……

明隆庆二年即 1568 年，也就是大方和尚到松萝山结庐的第二年，闵汶水出生了。闵汶水，休宁人，在十几岁的时候就开始做茶，其人以卖茶为业。对于松萝茶，闵汶水继承了大方和尚的制法并加以改良，“别裁新制，曲尽旗枪之妙，与俗手迥异”，创制了松萝茶的新品牌——闵老子茶。自此，“闵茶名垂五十年”。其后闵汶水迁居南京桃叶渡，把茶肆开到了六朝古都烟柳繁华之地，这个茶肆就是茶史上鼎鼎大名的花乳斋。明末许多名流雅士均嗜茶，且以能品闵茶为荣，以结交闵汶水为幸，以与闵汶水交往所获得的闲雅为荣。董其昌、阮大铖、周亮工、王月生等一众公卿名流无不雅会花乳斋，登堂啜饮，趋之若鹜，“汶水君几以汤社主风雅”。

闵汶水以一介茶商身份统御了明末文人的饮茶风流，让这么多文人骚客对其顶礼膜拜、推崇有加，自然也落不下张岱这个“茶淫”。张岱（1597—1679）字宗子，号陶庵，晚年更名蝶庵。浙江山阴（今浙江绍兴）人，祖籍四川剑门。明清之际史学家、文学家，小品圣手，史学方面与谈迁、万斯同、查继佐并称“浙东四大史家”，“兼以茶淫橘虐，书蠹诗魔”。张岱、闵汶水在崇祯十一年（1638）九月的交游颇具传奇色彩，其后这一幕被张岱书于文中，使我辈得以一窥其时中国茶界顶尖高手初次会面时于不动声色中的巅峰对决。感谢老天没有让张岱的《陶庵梦忆》像《茶史》一样丢失，否则这段精彩纷呈的茶史清话亦遭湮灭。

时间定格在崇祯十一年的九月。其时，清兵入侵大明。于此天下纷争、人人自危，行将改朝换代的乱世前夜，一叶扁舟从绍兴起锚，飘飘荡荡，逆流而上，最终停靠在了金陵十里秦淮的桃叶渡。

小舟靠岸，一位丰神俊逸、面若朝霞的翩翩中年文生从船上走了下来。他，就是誉满天下的张岱张宗子。有朋友说，这张岱真行，天下都大乱了，这个风流的家伙还能跑到十里秦淮河去会那些漂亮的美女娇娃，真是有泰山崩于前而色不变的稳当劲儿。错！张岱兴冲冲地从绍兴赶到桃叶渡，不是去会秦淮两岸销魂蚀骨的佳丽，他到这儿是要去见一个让自己心仪许久的卖茶老头儿——闵汶水。

闵汶水跟张岱的同乡绍兴人周又新是好友，而周又新与张岱又是好友。张岱久慕闵老子却未谋面，于是周又新就决定撮合二者一会。张岱在《茶史序》里说："周又新先生每啜茶，辄道白门闵汶水，尝曰：'恨不令宗子见。'一日，汶水至越访又新先生，携茶具，急至予舍。余则在武陵，不值，后归，甚懊丧。"有一次闵汶水到绍兴访周又新，跟着周又新一起去张岱家会张岱。事不凑巧，张岱身在武陵未归，错过了。张岱回家后得知此事懊恼不已，由是拉开了脍炙人口的"戊寅九月至留都，抵岸，访闵汶水于桃叶渡"的精彩大幕。

张岱到花乳斋的时候是当天下午三点多了，"时日晡矣，余至汶水家，汶水亦他出，余坐久……及至，则瞿瞿一老子。"张宗子初见闵老子的时候，给闵一相面，就觉得他是一位有德操的老人。哪知道闵老子见张岱的情态是"愕愕如野鹿不可接"，根本就不把张岱这位明清两际的文章大家，这位过着精舍美婢、鲜衣美食、弹咏吟唱生活的贵公子，这位知茶辨水的高手当根儿葱。可见闵老子眼光之清高。

"方叙话，遽起曰：'杖忘某所。'又去。"刚说两句话，闵汶水就站起来说："不好意思，我的拐棍儿忘到别处了，我得去找一找。"走了。等闵老子回来的时候，"更定矣"，晚上八点多，天都

碧水岸边杨柳依

黑了。这老头也是够绝的，把这么大个张岱一晾就是半天。“睨余曰：‘客尚在耶？客在奚为者？’”闵汶水对这位腻着不走的客人很诧异，乜斜着眼睛打量张岱：“你怎么还在啊，你有什么事吗？”

听，闵汶水的字里行间不但没透出丁点儿的歉意，反而是告诉访客，你这人也太不识时务，我早已经委婉地示意了，不接待你。走就完了，还在这儿待着，多没意思。闵汶水除去茶道大家的身份，本身也是一个商人，他对访客的这句话没有半点儿商业气息，这就反映出闵老子视钱财极轻，在张岱笔下，这是位活脱脱的超俗之人。

张岱没携好友周又新，也没告诉闵汶水自己是谁，敢独自到访花乳斋，究其原因，仰慕闵老自不必说，同时也带着想在茶学上跟闵汶水切磋或者说是“较量”一下的来意。这说明张岱有着足够的自信，他相信自己于茶之所知不会逊于这位因茶而名满天下的前辈高人。这点上也透着张岱的“狡猾”，他就是要占“知己知彼”之利而让闵汶水处于“知己不知彼”之位，使自己在今天可能发生的茶识论战中占得先机。

高手，都不简单。

张岱清楚地知道这是什么地方。这是金陵的十里秦淮河，这是秦淮河上的桃叶渡，这是桃叶渡旁的花乳斋，这是中国茶界的殿堂。到这儿，龙，你得盘着；虎，你得卧着。自己对面这个态度冰冷的“婆娑一老”是其时华夏茶人的祖宗尖儿——闵汶水，神一般的存在。

搁给别人，瞅着老头儿一脸的冰霜，当时就得麻爪儿。还得说咱们这位散文大家、小品圣手，果不寻常。听了闵汶水的话，张岱一不慌，二不忙，站起身来，对着闵汶水躬身施礼，斩钉截铁而又极煽情地说了这么句话：“慕汶老久，今日不畅饮汶老茶，决不去。”我是您的铁杆“水粉”，日日夜夜盼着能见到您真人，今天好不容易见着了，不给我喝壶您的好茶，打死都不走。一听这话，闵老子来了情绪，高兴了，张岱接着写道：“汶水喜，自起当垆。茶旋煮，速如风雨。导至一室，明窗净几，荆溪壶、成宣窑瓷瓯十余种，皆精绝。”直接将接待规格升高了一级，张岱被让进茶室待茶。

进入闵汶水的茶室一看，好家伙，就像进了博物院，上好的荆溪茶壶、成宣年间的瓷瓯位列其间，皆精绝。闵汶水将煮好的茶倒入杯

荆溪壶

中递给张岱，“灯下视茶色，与瓷瓯无别而香气逼人，余叫绝。”细细看了闵汶水泡的茶汤，闻了闻香气，老成的张岱心里叫好，脸上却不露分毫，淡淡地问了一句：“您这茶是哪儿产的？”“哦，是阆苑茶。”闵汶水头也不抬答道。这时候的闵汶水可不知道对面这位相公是名满天下的“茶淫”张岱，一个递招儿，一个接招儿，中国茶史上最清绝的轶事、最巅峰的对决，就打这么不经意的两句问答开始了。

张岱不紧不慢地呷了一口茶，徐徐咽下，咂摸咂摸滋味，又喝了一口，抬头，说：“莫绐余，是阆苑制法而味不似。”别骗我了，这个茶只是采用了阆苑茶的制法，这味道不是阆苑茶。本打算礼貌性应酬一下的闵老子听了张岱这话，心里就是一动，暗忖：“厉害，一语中的！我与此子素昧平生，不知其来何为，切莫小觑了他。”于是一张老脸“唰”地堆积起笑纹，貌似和蔼实则狡黠地问道：“不是阆苑茶？那您说，这是什么茶呢？”这可不是简单的一问，这话说得是柔中带刚，绵里藏针。高手过招，胜负就在须臾之间。你不是说这不是阆苑茶吗，好，那你给我说说这是什么茶？说错了，端茶送客；说对了，我还有后手儿。闵汶水确是老辣，声色不动地使了进可攻、退可守的一招儿。你接住了，品茶继续；接不住，我管你这不速之客是谁，我管你是真慕名而来品我茶的，还是不怀好意跑我这儿来踢馆的，反正今天晚上得让你栽在秦淮河桃叶渡我这小小的花乳斋里。

高手，都够狠。

说不紧张，那真是吹牛了。张岱知道，自己的脑门儿已经冒出了外人不易察觉的微汗，但沉厚的茶学根基又让他瞬间静了下来。定了定心神，又喝了一口茶，仔细品品滋味，辨辨水性，信心满满地说：“这太像罗岕的茶了。”闵汶水真没料到张岱的回答如此迅速且精准，话一入耳，他被惊得舌头都吐了出来，连声说：“奇哉，奇哉。” 一招儿接过，张岱的心里有了底，开始还招儿。他问闵老子：“跟您请教，您这沏茶之水又是用的哪里的水呢？”闵汶水不敢轻视张岱了，实打实地说：“惠泉。”精于析泉用水的张岱觉得闵汶水说的不是实话，干脆单刀直入：“莫绐余，惠泉走千里，水劳而圭角不动，何也？”您别骗我了，惠泉水从那么远运到这儿，水质不可能不改变，这个水不是惠泉。寥寥数语，却字字珠玑。闵汶水这时被张岱搞得有点紧张了，赶紧说：“贵客，我这个人呀，老了老了爱开玩笑，刚才蒙您，是逗着玩儿，看看您是不是真的识茶、爱茶。这回可没敢再骗您，向天发誓，这水真的是惠泉。只是我取水的方法跟别人不同。我去取水的时候是先把井淘干净，清洗了，接着就在那儿候着。等到半夜新的泉水一涌出，就‘旋汲之’，装进事先预备好的大瓮里。然后在大瓮的底部放上惠泉的石头，再把瓮口封好。‘舟非风则勿行，水体不劳，水性不熟，故与他泉特异。’”说完，又吐舌头，双眼不打漂儿地盯着对面的张岱，连声说：“奇哉，奇哉。”

闵汶水用罗岕茶冒充阆苑茶蒙张岱，被张识破；张岱没有断出这是闵用新方法取来的惠泉水，到这儿，可以说两人打了个平手。此时的闵老子已经知道面前的这个年轻人绝非等闲，稍有不慎，自己一世英名都有可能毁在今晚。他不再像刚开始泡茶那样匆忙敷衍了，而是拿出自己压箱底儿的好茶又泡了一壶出来，充满热情地说：“客啜此。”

这泡茶一出，把暗战推向了高潮。

经过前面的递招儿，接招儿，进招儿，还招儿，张岱清清楚楚地知道面前的这位老者是自己的前辈知音，而且对闵老心生敬仰，所以不再拘谨。接茶一喝，感受直出胸臆，大赞而不绝于口，说："香扑烈，味浑厚，此春茶也。向瀹者的是秋采。"闵老子听了，捻银髯，仰头，爽朗大笑："哈哈，余年七十，精饮事五十余年，未尝见客之赏鉴若此之精也。"率真本性一露无余。对闵汶水来说，普天下的茶人他会了无数，没有几个能入其法眼。这真不是狂，是事实。他知道，现世能让他于茶事上留心的人只有一个，就是自己的好友周又新一再提及的、还未有机缘相会的那个叫作张岱的山阴人。"五十年知己，无出客右。岂周又老谆谆向余道山阴有张宗老者，得非客乎？"好你个张岱，明明知道周又新屡屡向我提及你，还跟老朽我耍滑头。虽有嗔怪，却又全然充满了赞意。这壶茶，让闵老子认出了坐在自己对面的客人正是名满天下的张宗子，也让张岱圆了大饱"闵茶"的夙愿。

知音难觅。

年已古稀的闵汶水动情地说："我活了七十年，你是我遇到的唯一懂茶的人呀！"要知道，其时是 1638 年的明朝，那会儿的人有几个寿命能过七十岁的。于内心，闵汶水清楚地知道自己来日无多。傲立茶道巅峰，一生痴醉于茶，阅人无数、洞透世事的他是多么期盼茶之一道后继有人呀！我敢说，就在那一刻，年已七旬的闵老子望着端坐在自己对面的这个年轻人，这个能让茶之一道继续发扬光大的后起之秀张岱，眼眶中一定是盈满了未涌出的滚烫珠泪。"余又大笑，遂相好如生平欢，饮啜无虚日。"

「客啜此」

明成化婴戏杯（中国国家博物馆藏）

这场不期而遇的暗战，这场精彩纷呈的巅峰对决，跌宕起伏，观者心悬。每阅张岱的《茶史序》与《闵老子茶》，我都能感察出那字里行间充盈着的强大气场，都能隐隐听到在这个气场里高手过招时“飒飒”的衣履风声。

张岱对闵汶水敬仰有加，他后来在《闵汶水茶》《曲中妓王月生》两首诗中写道：“十载茶淫徒苦刻……今来白下得异人，汶水老子称水厄……细细钻研七十年……刚柔燥湿必亲身。”“今来茗战得异人，桃叶渡口闵老子。钻研水火七十年，嚼碎虚空辨渣滓。”俗话说“英雄识英雄，豪杰爱好汉”，自此，两人成了惺惺相惜的茶中知音、莫逆好友。张宗子跟闵老子的初会，不提姓甚名谁，没有世俗功利，纯粹以茶相通，以茶相知，以茶相交。对于醉心于茶的他们来说，晚明动荡的江山根本配不上他们桌上的这壶茶。这壶茶，让刀光剑影暗淡，让鼓角铮鸣失声。这壶里的乾坤、这茶中的世界，能抵它江山万里，能抵那美人如画。桃叶渡宗子会老子这一清绝茶事，在世界茶史上璨璨发光，泽耀后人。闵汶水的去世，于张岱来讲不亚于钟子期之亡，张岱闻讯悲叹道：“金陵闵汶水死后，茶之一道绝矣。”

周亮工与陈老莲

其茶事独特之处在于喜欢将饮茶空间置于室外，

尤爱将茶席布于石桌、石磊，与大自然融为一体。

插花，如花在野；瀹茗，壶杯质朴；茶席，返璞归真。

闵茶大盛而被视为天下第一。盛名之下，自然也少不了褒闵贬它之言语。萝卜青菜，各有所爱，褒闵的多了，就会有人不乐意了，你看，福建茶区的人此时就不服气了，于是就有了周亮工在福建居官时所作《闽小记》中说：“秣陵好事者，常诮闽无茶，谓闽客得闽茶咸制为罗囊，佩而嗅之，以代旃檀，实则闽不重汶水也。闽客游秣陵

〔明〕陈洪绶《梅水烹茶有好怀》（美国大都会艺术博物馆藏）

者，宋比玉、洪仲韦辈，类依附吴儿，强作解事，贱家鸡而贵野鹜，宜为其所诮也。”

周亮工对闵茶不以为然，对南京人诮笑闽无好茶很气愤，对居南京的闽人夸赞闵汶水和闵茶则更是恼火。换个角度看，这件事情实际恰恰反映出闵汶水、闵茶与其茶艺在当时的茶界有着相当高的地位与影响力。宋珏（1576—1632），字比玉，福建莆田人，诗人、书画家、国子监生，漫游吴越，久居南京。洪仲韦，福建莆田人，曾居南京。清代乾隆进士刘銮在《五石瓠》中说闵汶水之茶极佳，因此引得众人作诗吟咏，其中就有宋比玉，“一时名流如程孟阳、宋比玉诸公，皆有吟咏。汶水君几以汤社主风雅……”《闽小记》的作者周亮工（1612—1672），字元亮，别号栎园。明末清初文学家、篆刻家、收藏家，做过福建左布政使。《闽小记》作于顺治十一年（1654）前周居闽期间，那一年秋天，周亮工自福建左布政使的任上奉调入京，任都察院左副都御史。在《闽小记》序中，清人汪楫（1626—1699）言：“《闽小记》一书，乃栎园先生莅闽时所辑，于去闽之后十年，楫始得受而读之。”

《闽小记》中周亮工讲闵茶的这段话读来明显带有怒气未消之意，这是什么原因呢？周亮工对闵茶颇有怒气是因为他曾去桃叶渡拜访闵汶水并品尝“闵茶”时受到了闵汶水的冷落。我们先来看一下周亮工的履历，崇祯十三年（1640）春，周亮工中进士，时29岁。崇祯十四年周亮工知山东莱州府潍县，崇祯十五年冬，清军入侵山东，周亮工守潍县，次年清军退兵。崇祯十七年（清顺治元年），周亮工刚刚被授予浙江道监察御史一职，李自成即攻破北京，周亮工于是隐居牛首山。顺治二年，周亮工仕清。顺治三年，为了加强清王朝在福建的统治，周亮工奉调入闽，被提拔为福建按察使，镇压福建的抗清斗争。顺治五年四月，周亮工抵达福州肃寇安民……看得出，29岁后周亮工一刻也未消停过，此间他是无悠闲之心情与时光去南京桃叶渡访闵汶水的，那么可以断定周访闵的时间应是其29岁或之前，这个时间点与闵汶水故去的时间也匹配。闵汶水是何时故去的，史籍没有见到明确记载，但从张岱本人的交游中我们可以大致窥得。前文有叙，张岱、闵汶水暗战于桃叶渡花乳斋的时间是1638年即明崇祯十一年的九月，其后二人"相好如生平欢"。闵汶水去世后，张岱在给友人胡季望的书信《与胡季望》中说："金陵闵汶水死后，茶之一道绝矣。"继而张岱在《与胡季望》信中又讲述了制茶之法并表示对胡氏好茶的夸赞："吾兄家多建兰、茉藜，香气熏蒸，纂入茶瓶，则素瓷静递，间发花香。此则吾兄独擅其美，又非弟辈所能几及者矣。"最后张岱向胡下了"战书"："异日缺月疏桐，竹炉汤沸，弟且携家制雪芽，与兄茗战，并驱中原，未知鹿死谁手也。临楮一笑。"张岱在写于顺治三年的《自为墓志铭》内自述："年至五十，国破家亡，避迹山居，所存者破床碎几，折鼎病琴，与残书数帙，缺砚一方而已。布衣蔬食，常至断炊。回首二十向年，真如隔世。"那时的张岱穷困潦倒，一个缺衣少食的张岱已无"与兄茗战"之力，更不会有快意地面对笔下笺纸一笑的心情，所以《与胡季望》中"金陵闵汶水死后，茶之一道绝矣"即闵汶水的故去一定是发生在顺治三年之前的事。综合上文周亮工的履历，可以得出周亮工是在29岁即崇祯十三年（1640）或之前拜访的闵汶水。

〔明〕陈洪绶《谱泉》册页（台北故宫博物院藏）

对于自己 29 岁前去桃叶渡拜访闵汶水品尝“闵茶”这件事，周记录说：“歙人闵汶水居桃叶渡上，予往品茶其家，见水火皆自任，以小酒盏酌客，颇极烹饮态。正如德山担青龙钞高自矜许而已，不足异也。” 闵汶水的“水火皆自任”“颇极烹饮态”“高自矜许”让周亮工觉得闵根本未把自己这区区一介书生放入眼帘，故周亮工心中不适，由此埋下了“仇恨”的种子。周亮工不知道的是，事实上这恰恰是闵老子的性格，或者说至少是对陌生人的性格。我们知道，即使是 1638 年如日中天的张岱去花乳斋访闵汶水时一样被闵从天亮撂到了天黑而未加理睬。不同的是张岱是有备而来且“心怀鬼胎”，最后与闵汶水结交；而周亮工则是纯粹慕名而来，失望而去。于是经年之后，“新仇旧恨”使得位居福建高官的他有了《闽小记》文字中的“泄愤”。

〔明〕陈洪绶《品茶图》（上海朵云轩藏）

〔明〕陈洪绶《闲话宫事图》局部（沈阳故宫博物院藏）

周亮工变节仕清，令他一位亦师亦友的故交痛心不已，这个人就是在明代画过很多知名茶画的画坛奇人陈洪绶。陈洪绶（1599—1652），字章侯，号老莲，明代著名书画家、诗人。其画笔法简练，格调高古，尤以人物画享誉明末画坛。陈洪绶长周亮工 14 岁，当年 13 岁的周亮工随父亲到诸暨，初识陈洪绶，二人结笔墨交并同游五泄山。崇祯十四年（1641），周亮工赴京师谒选，与多年未曾谋面的故友陈洪绶重逢，此时的陈洪绶已经誉满画坛，二人遂成莫逆交，陈洪绶作《归去图》相赠。甲申国变，彻底击碎了陈洪绶的人生愿景，这也是明末清初文人共有的大痛楚。于是陈洪绶不再谋求官场仕途，开始潜心于画作。

老莲为人古道热肠，磊落不阿。周亮工仕清后，时间到了顺治七年（1650 年）五月，52 岁的陈洪绶与周亮工相遇于杭州，周索画于陈洪绶，但陈坚拒不肯落笔。此时的陈洪绶对周氏降清一事仍心疾未平。毕竟大人大量，到了六月，陈洪绶以晋代陶渊明的《归去来兮辞》为蓝本为周亮工画了一幅《归去来图卷》，画中描绘了陶渊明归隐生活的点点滴滴，以赞颂他高尚的行为品德。陈洪绶用这种方式对小友周亮工进行了暗示与规劝，希望他能弃官从隐，不再效力于清廷，实可谓用心良苦。

老莲喜茶，观其茶画代表作《授徒图》《品茶图》《闲话官事图》可见，其茶事独特之处在于喜欢将饮茶空间置于室外，尤爱将茶席布于石桌、石磊，与大自然融为一体。插花，如花在野；瀹茗，壶杯质朴；茶席，返璞归真，无一不是性灵解放之潜移默化至生活的反映，彰显了陈老莲独特的茶事美学观。宋代郭熙在《林泉高致》中

〔明〕陈洪绶《授徒图》（美国加利福尼亚大学美术馆藏）

讲："君子之所以爱夫山水者，其旨安在？丘园养素，所常处也；泉石啸傲，所常乐也；渔樵隐逸，所常适也。"黄龙德《茶说》言："山林泉石，饮何幽也；焚香鼓琴，饮何雅也；试水斗茗，饮何雄也；梦回卷把，饮何美也。"袁宏道在《瓶史·清赏》中说："茗赏者上也，谈赏者次也，酒赏者下也。"老莲茶画不单对这些观点做了恰当的诠释，而且用高、清、奇、古的个人画风使"境生于象外"，塑出了自己向往的那个天然、真实的精神世界。

陈洪绶喜茶亦嗜酒，小品圣手张岱在《陶庵梦忆》中记述了二人接待鲁王朱以海的茶酒佳会上，茶罢饮酒，正在兴致中的鲁王命陈作画，老莲醉不能提笔的趣事。"弘光元年，鲁王播迁至越，以张陶庵岱先人相鲁王，幸旧臣第……高厅正中设御坐席九重，备山海之供……献茶毕……设二席子御坐旁，命岱与陈洪绶侍饮……寻设一小几，命洪绶画黛，醉提笔不能起，命止之……岱偕洪绶送至阁外，命书堂官传旨曰：'爷今日大喜。'"

逆境人生绽风华

头上簪花的杨慎，为我们展现的不是颓废，

不是迷失，不是悲观，正是生命处于压抑状态下的风华。

制作白毫银针所用的茶芽

明代，古已有之但未兴起的白茶进入了追求清新自然的文人们的眼中。屠隆《茶笺》说：“茶有宜以日晒者，青翠香洁，胜以火炒。”田艺蘅《煮泉小品》中也记述：“芽茶以火作者为次，生晒者为上，亦更近自然，且断烟火气耳……生晒茶瀹之瓯中，则旗枪舒畅，清翠鲜明，尤为可爱。” 这就传达出一个信息，有意识地制作白茶且白茶工艺的定型极可能源于明代的江浙地区。

田艺蘅（1524—？）字子艺，明代文学家，浙江钱塘（今杭州）人。他的父亲田汝成是嘉靖五年进士，著述颇多，他的《西湖游览志馀·熙朝乐事》为后人留下了明人立夏饮 “七家茶”的习俗记述：“立夏之日，人家各烹新茶，配以诸色细果，馈送亲戚比邻，谓之七家茶。富室竞侈，果皆雕刻，饰以金箔，而香汤名目，若茉莉、林禽、蔷薇、桂蕊、丁檀、苏杏，盛以哥、汝瓷瓯，仅供一啜而已。”田艺蘅的《煮泉小品》是明代一部重要茶书，赵观评其“考据该洽，评品允当，实泉茗之信史”。田艺蘅在《煮泉小品》中对用水、侍火、煎茶见解独到，且对其时的龙井茶山、泉水做了记载，留下了宝贵的茶史资料。

他说，山厚重，泉水就厚重；山奇，泉水就奇；山清，泉水就清；山幽，泉水就幽。这些都是泉水中的佳美者。汲泉煮茶，他引苏轼诗讲侍火方法：“活水还须活火烹。”并解释道：“活火，谓炭火之有焰者。”对于煎水的火候掌握，也给出了明确答案，“汤嫩则茶味不出，过沸则水老而茶乏”，“茶之团者片者，皆出于碾硙之末，既损真味……总不若今之芽茶也。”田艺蘅说，唐宋以来的饼茶和片茶，在饮用时都要碾压成末，这样做有损茶叶真味，远不如现在的散茶。《煮泉小品》说唐人煎茶多用姜盐，所以陆羽《茶经》记“初沸水，合量调之以盐味”；薛能说“盐损添常诫，姜宜著更夸”；苏轼以为茶之中等，用姜煎信佳，盐则不可。田艺蘅对煎茶用姜、盐的看法是：姜和盐均为泡茶大忌，不能用于煎茶。敢于在书中抒发自己观点而不唯古之先贤，足见田艺蘅做学问之认真。《煮泉小品》记龙井茶山、泉水：“今武林诸泉，惟龙泓入品，而茶亦惟龙泓山为最……其地产茶，为南北山绝品……宝云、香林、白云诸茶，皆未若龙泓之清馥隽永也，龙泓今称龙井，因其深也。”武林即今杭州，田艺蘅说，杭州的诸多泉水中，龙泓泉排在第一，龙泓就是今天的龙井。龙泓山所产之茶，称得上是南北山的绝品。

田艺蘅于析茶、用水见识精专，却官运不济，成人后“七举不遇”，一个博学的才子由此看清了政局的黑暗、吏治的腐败，闷而归家。他虽处逆境，依然不改自己的正直本心。嘉靖年间，繁华的钱塘成了倭寇掠夺的目标，作为一个有良知的读书人，田艺蘅置生死于度外，积极投身到保卫民众、防御倭寇的战斗中。他在《品岩子小传》中记：“海上变作，立草丈二。檄鸠义兵千人，保障里社。幕府诸大夫壮之，聘督临、余三邑兵四千，出入行阵者五年。”晚年的他常穿着红色的外衣，披白发，带着年轻的女孩子游赏西湖。《钱塘县志》记其：“为人高旷磊落，不可羁絷，至老愈豪。朱衣白发，挟两女奴坐西湖花柳下，客至，即其座酬唱，斗酒百篇，人疑为谪仙。”田艺蘅的每次出游，都观者如堵，他却视而不见，依旧我行我素。貌似放

杭州龙井村老龙井

荡不羁，纵情于乐，但这又何尝不是远离黑暗时局而追求内心高贵的一种体现呢？故时人常将他比肩于当时名士杨慎。

滚滚长江东逝水，浪花淘尽英雄。是非成败转头空。青山依旧在，几度夕阳红。白发渔樵江渚上，惯看秋月春风。一壶浊酒喜相逢。古今多少事，都付笑谈中。

这首脍炙人口的《临江仙》正是出于明代大才子杨慎。杨慎的《临江仙》是公认的高境界，这首词几乎就是白话，每一句读来都平实质朴，连贯在一起后的精神体验却是满弓满弦，与我们经常说的好茶“至味皆在淡中”暗合。

杨慎（1488—1559），字用修，号升庵，明武宗正德六年状元及第。作为状元的大学问家杨慎曾就中国茶叶种植史上第一个有明确文字记载的有名有姓的种茶人“西汉僧理真”植茶于蒙顶的时间提出过质疑。传说，蒙顶山植茶始于西汉雅安人吴理真，其亲手种茶于上清峰。吴理真到底是哪个朝代的人物，是僧、道、俗哪一家，目前学界尚有争议，因为历代文字资料对他的出身记载不同，但大多资料都说吴理真为西汉僧人。在《蒙茶辨》中，杨慎提出了反问：“名山之普慧大师，本岭表来，流寓蒙山。按碑，西汉僧理真，俗姓吴氏，修活民之行，种茶蒙顶，殁，化石为像，其徒奉之，号甘露大师。水旱、疾疫，祷必应。淳熙十三年（1186），邑进士喻大中，奏师功德及民，孝宗封甘露普慧妙济大师，遂有智矩院，岁四月二十四日，以隐化日，咸集寺荐香。宋、元各有碑记，以茶利，由此兴焉。夫吃茶西汉前其名未见，民未始利之也。浮屠自东汉入中国，初犹禁，民不得学。”杨慎认为佛教是在东汉才传入中国的，所以对“西汉僧理真”种茶蒙顶提出了质疑。还有学者认为吴理真是宋代以后的人，原因是宋代以前的各种文献没有述及吴理真其人。个人认为，吴理真应该是一个杰出种茶人的具象，他是承载历代蒙顶山茶文化的一个文化符号，这一点是无疑的。究竟其人何如，这个问题还是留给专业人士去考证吧，我们翘首以观，但杨慎这种不唯书的考证精神值得每位爱茶之人学习。

嘉靖三年，杨慎因卷入“大礼议”事件，触怒嘉靖皇帝，被杖责罢官，谪戍云南。流放苦旅，对于多数人来说，基本上会在郁郁寡欢中了却生命。杨慎却不然，在流放的三十多年中，他的意志并未消磨，他关心人民疾苦，斗过豪强并率领家僮和士兵协助当地守将平定了武定的凤朝文叛乱。为了改变滇南的落后面貌，杨慎讲学授课，传播中原文化，偏乡僻壤的滇南由此出现了大批有所成就的人才。著名的“杨门七子”吴懋、胡廷禄、张含、王廷表、李元阳、唐锜、杨士云即师出杨慎。

在受贬异地的三十多年生活中，杨慎自然也离不开自己喜欢的佳友——茶。游览大理洱海之西的点苍山时，杨慎作《游点苍山记》，他“观宝林寺山茶。因叩圆海寺，瀹茗煮泉，坐于万松之阴”，“上有沙坪寸金地，瑞草之魁生其间。芳芽春茁金鸦觜，紫笋时抽锦豹斑。相如凡将名最的，谱之重见毛文锡。洛下卢仝未得尝，吴中陆羽何曾觅。逸味盛夸张景阳，白兔楼前锦里傍……” 在《和章水部沙坪茶歌》中，录茶于《凡将篇》的西汉司马相如，记录成都白兔楼香

陈洪绶《升庵簪花图》茶杯（耕而陶制）

茶的西晋张载，唐代茶圣陆羽、茶神卢仝，五代时期《茶谱》作者毛文锡，这些茶史上的大家在杨慎诗中如数家珍，可见杨慎茶学修养之深。为了搞清失传已久的唐宋团茶饮法，他亲自动手摸索并将结果写入了《月团茶歌》序中，其序言道："唐人制茶，碾末以酥滫为团，宋世尤精。胡元入中国，其法遂绝。予效而为之，盖得其似，始悟唐人咏茶诗，所谓'膏油首面'，所谓'佳茗似佳人'，所谓'绿云轻绾湘娥鬟'之句。饮啜之余，因作诗纪之并传好事。"

人，总有逆境顺境，压抑的时候，有人喜欢喝酒，一醉解千愁；有人喜欢独处，抚慰愁结；有人喜欢旅行，让路上的风景排遣忧郁；有人喜欢忙碌地工作，以此释怀。我们似乎很少去想，是否在压抑中也能做到让生命展现出其该有的风华。这件事被爱茶的杨慎做到了。《乐府纪闻》记逆境中的他："暇时红粉傅面，作双丫髻插花，令诸妓扶觞游行，了不为愧。"貌似荒唐，这又何尝不是生命意志的顽强。后来此事为陈洪绶绘成传世名画《升庵簪花图》。图中表现场景的石头因为永恒而生出花草，枯木因为倔强而长出茂叶。头上簪花的杨慎，为我们展现的不是颓废，不是迷失，不是悲观，正是生命处于压抑状态下的风华。一朵簪花，在画面中早已不是单纯的装饰物件儿了，杨慎头上的花，是生命风华的绽放。"奇石如寒士，枯枝似老僧。能解簪花意，最后嚼春冰。"端赏这个画面，对于处在压抑与困顿中的生命而言，具有慰藉心灵的意义。爱茶之人田艺蘅、杨慎在逆境中表现出的豁然达观，为时人榜样。

岕茶县令熊明遇

熊明遇应该对谢肇淛说过的"制造不如法，

故名不出里闬"的绿雪芽做过工艺上的指导，

且此工艺应为他所熟悉的绿茶制造工艺。

长兴顾渚古茶山石碑

“两山之夹曰岕，若止云岕茶，则山尽‘岕’也。岕以罗名者，是产茶处。”岕茶主要产于宜兴与长兴交界处，稍偏长兴一侧的罗山。长兴、宜兴即唐代贡茶顾渚紫笋、阳羡茶的产地长城、义兴。

岕茶是怎么崛起的呢？说岕茶就不能不提到熊明遇了。熊明遇（1579—1649），字良孺，号坛石，江西南昌进贤人，官至兵部尚书。熊明遇 20 多岁即任长兴知县。在长兴任上，熊明遇修桥补路，兴修水利，造福地方百姓，并写下了茶史上有名的《罗岕茶记》，他亲力亲为推广种植岕茶，终令岕茶为“吴中所贵”。在《谢长兴僧送茶》一诗的序中，熊明遇讲：“余令长兴时，仅庙后数垄铺绿，洞山则余从更丁玺臣垦种者，于是山间转相风效。薙草砌石，往往如是，遂盈巘，皆芊芊雀舌矣。”在其诗《岕茶》并序中，他说：“而洞山之品，余为令时，始有种者。今别十年许，闻已铺绿矣。”诗曰：“为吏洞山间，碧桃灼林影。春风官事疏，开园督种茗……”熊明遇《罗岕茶记》对立夏采摘、先蒸后焙的岕茶做了详细阐述，岕茶保留蒸青工艺是有原因的，熊明遇说：“茶以初出雨前者佳，唯罗岕立夏开园。”立夏开园的茶青枝叶成熟度高，不再细嫩，这种茶青如果再用炒青工艺制作已不适宜，此点许然明在《茶疏》中作了详细说明：“岕之茶不炒，甑中蒸熟，然后烘焙。缘其摘迟，枝叶微老，炒亦不能使软，徒枯碎耳。”

“枝叶微老”的岕茶通常会被不懂的人当作粗劣茶品。明人冯梦祯在《快雪堂漫录》记载了这么一段故事：“李于鳞为吾浙按察副使，徐子舆以岕茶最精者饷之。比看子舆昭庆寺，问及，则已赏皂役矣。盖岕茶叶大多梗，于鳞北士，不遇宜矣。”隆庆元年（1567），生于北方的李攀龙（字于鳞）出任浙江按察司副使时收到了长兴文人徐中行送的精绝岕茶，李大人以为这“枝叶微老”的茶不过是寻常之物，就把它们全赏给下属享用了，搞得徐中行哭笑不得。这是外行人眼中的岕茶，在识茶的明代文人眼中，岕茶诚如沈石田《书岕茶别论后》所言：“‘香中别有韵，清极不知寒’，此惟岕茶足当之。若闽之清源、武夷，吴郡之天池、虎丘，武林之龙井，新安之松萝，匡庐之云雾，其名虽大噪，不能与岕相抗也。”冯梦桢在《快雪堂漫录》中更是直截了当地说：“岕茶精者，庶几妃后，天池、龙井便为臣种，其余则民种矣。”

岕茶的兴起直接影响了其时紫砂壶壶型由大到小的转变。明代散茶壶泡省去了唐宋以来制饼、碾茶、罗茶这些繁复的流程，拉近了泡

明“大彬”款柿蒂纹三足紫砂壶（无锡锡山区文体旅游局藏）

茶器与茶人的距离，客观上为茶壶这一具体茶器的发展与繁盛提供了条件。岕茶本身属于小众茶，最了解岕茶的就是明末的那些文人士大夫，他们的饮茶趣味和习惯直接影响了泡茶器具的变化。紫砂壶跟茶人的日益亲密接触，又使得茶人对茶壶的审美成为必然。万历之前，崇尚大壶；万历之后，壶型日渐缩小。这一变化起于时大彬与陈继儒的交游。《阳羡茗壶系》记时大彬“初自仿供春得手，喜作大壶，后游娄东，闻眉公与琅琊、太原诸公品茶施茶之论，乃作小壶”。娄东即现在的江苏太仓，自古为文人荟萃之地。陈眉公就是陈继儒，琅琊是明末清初的画家王鉴。太原为王时敏，明末清初画家，善山水，开创了山水画的娄东派。王鉴与王时敏被时人推为画坛领袖。早期制壶高手时大彬受供春的影响，所制均为大壶，大壶非为泡茶之用，而是用于煮水、煮茶，如明代吴经提梁壶，高 17.7 厘米，口径 7 厘米，估计容量得有 1000 毫升。江苏泰州出土壶底钤印“时大彬于茶香室制”的圆壶容量达 900 毫升。后来时大彬到江苏太仓交游，与名士陈继儒交往甚密。其间，时大彬与岕茶铁粉陈继儒及陈好友王鉴、王时敏一同品岕、赏壶、论道。这些文人士大夫阶层对岕茶雅致的品评在相当程度上启发、引导了时大彬，令其领悟了中国茶文化的深厚底蕴及彼时茶人品茗对器具的审美偏好，如许然明《茶疏》之语：“茶注，宜小不宜甚大。小则香气氤氲，大则易于散漫。大约及半升，是为适可。独自斟酌，愈小愈佳。”时大彬茅塞顿开，于是开始尝试把文人美学趣味对茗壶制作的要求融入自己的创作中去，“乃作小壶”。

散茶因壶泡的要求改良益精，小壶亦由散茶的流行日见其巧。

紫砂小壶，内含风骨，外显温润，造型简练，线条流畅，明末四公子之一的陈贞慧在其《秋园杂佩》中誉紫砂壶为“茗具中得幽野之趣者”。明代中后期的文人群体极富特色，既具魏晋南北朝风骨又得宋元文人风尚，他们以佛、道释儒，又能独抒性灵，“聊写胸中逸气”。尤其这些以茶雅志、别有一番怀抱的明代文人，彼时的他们“或会于泉石之间，或处于松竹之下，或对皓月清风，或坐明窗静牖”，于石台、案头、小几置壶一把，“乃与客清谈款话，探虚玄而参造化，清心神而出尘表”。简约淡雅、道法自然的文人情怀与气质拙朴幽野的紫砂壶在明代得到了完美契合，使“几案有一具，生人闲远之思”。由是起，小型茶壶已经在文人居处的茶桌上占据了主导地位，至今不衰。

熊明遇因政绩斐然，擢兵科给事中，但在万历四十三年（1615）因接近东林党人，与魏忠贤不和，被贬福建，任兵备佥事，治兵福宁道，在今宁德地区任职。识茶的熊明遇这次赴任，极有可能改进了宁德地区的茶叶制作工艺，对那里的茶叶品质提高起到了一定的推动作用。因何这样讲，这就要从福鼎大白茶的母树“绿雪芽”聊起了。

我们来看一下在熊明遇来此之前宁德地区茶叶的情形如何。明代博物学家谢肇淛（1567—1624）所著《五杂俎》为明代一部有影响的博物学著作，刊发于明万历四十四年，其中对茶叶的述评有：“闽方山、太姥、支提俱产佳茗，而制造不如法，故名不出里闬。”谢肇淛说方山、太姥山、支提山都有很好的茶青，只是当地人不懂正确的制茶方法，所以这些茶默默无闻，只能在乡里行销。这与他在其著作《滇略》卷三中对其时云南茶的记载相似：“滇苦无茗，非其地不产

耕而陶制梨形朱泥紫砂小壶

也，土人不得采取制造之方，即成而不知烹瀹之节，犹无茗也。昆明之太华，其雷声初动者，色香不下松萝，但揉不匀细耳。点苍感通寺之产过之，值亦不廉。士庶所用，皆普茶也，蒸而成团，瀹作草气，差胜饮水耳。”谢肇淛曾任云南右参政，他认为云南没有好茶，不是因为云南不产茶，而是不懂得制茶的方法，制出茶叶也不懂得如何烹瀹品饮，等于无茶。当时的云南，无论有身份的士人，还是没地位的庶民，都饮用普茶。在来自文化繁荣地区的谢肇淛看来，饮普茶，只不过比喝白开水强一点而已。可以看出那时候东南、西南地区的茶叶制作水平是很低下的。

万历四十八年（1620）三月，来到宁德的熊明遇初登太姥山，得以与太姥山结缘。他为太姥山新落成的馆舍题名“鸿雪馆”，熊明

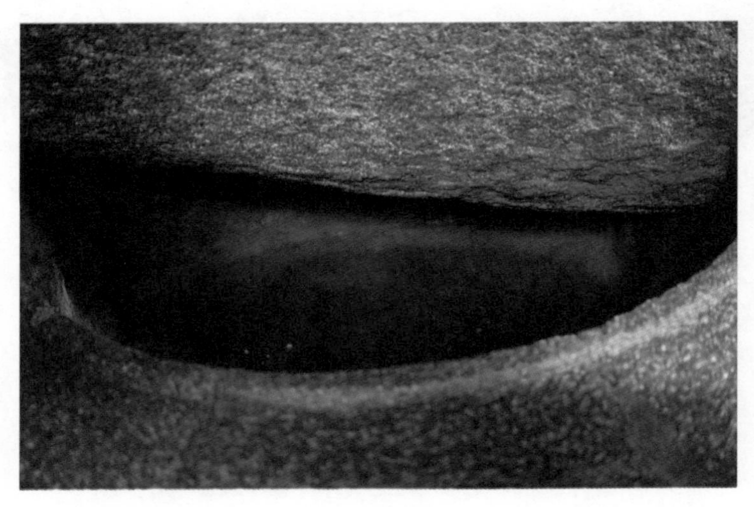

鸿雪洞中的丹井

鸿雪洞旁的福鼎大白茶母树「绿雪芽」

遇在《太姥歌》中说："且为署题鸿雪馆，武陵春水学仙踪。"之所以用"鸿雪"二字，想来蕴含着借古喻今之意。汉苏武曾出使匈奴遭扣而被放逐北海雪地牧羊，苏武盼望飞鸿传递讯息，早日回朝；宋苏轼有"人生到处知何似，应似飞鸿踏雪泥"之语来表明他迁谪偏远之地，期盼早日回朝的心情，此际熊明遇的心境与彼时的古人是何等相似，"鸿雪"正是其时的应景写照。接着熊明遇又为山内岩洞题书"鸿雪洞"，并落款"福宁治兵使者熊明遇书"，镌刻于大岩壁正中。鸿雪洞，洞中有井，相传是容成子炼丹时的丹井。鸿雪洞外有茶树一枝，枝干挺拔，树叶莹翠，它就是鼎鼎大名的福鼎大白茶的母树"绿雪芽"。

问题来了，那时的"绿雪芽"是白茶吗？还真不一定。从资料上看，在《五杂俎》刊发的1616年的明代，存在着白茶、绿茶、黑茶这三种茶。"绿雪芽"三字，反映出其时太姥山的这个茶底色发绿，身披白毫，所以它肯定不是黑茶。那么它是绿茶还是白茶呢，让我们来探寻一下。首先从资料上看，茶史上用"绿雪"这个字眼描绘的茶叶均是绿茶，如敬亭绿雪、宣城绿雪。"绿雪"即绿雪芽的简称，如《随见录》记："宣城有绿雪芽，亦松萝一类。"由此点看来，太姥山"绿雪芽"应为绿茶。其次，曾做过长兴县知县的熊明遇是制作绿茶的行家里手。我们从常理推断，一个令岕茶名声大噪的茶人不可能对自己喜爱的太姥山上所生长的茶类不感兴趣，所以熊明遇应该对谢肇淛说过的"制造不如法，故名不出里闬"的绿雪芽做过工艺上的指导，且此工艺应为他所熟悉的绿茶制造工艺。明末清初，周亮工的

《闽茶曲》中已有“太姥声高绿雪芽”之语，诗句是在熊明遇离开宁德后所写，可见此时绿雪芽已经享名。

第三，从文献上看，福鼎、政和两地白芽茶的制作时间是在清代而非明代。清代，福鼎一带的制茶企业是以红茶制作为主的，其目的是满足出口市场，彼时中国是世界唯一的红茶出口市场且相当繁盛。1848 年，英国人窃取了中国的茶种与红茶制茶技术，此后印度、斯里兰卡大批茶园出现，廉价的种茶成本使得国际茶叶价格大跌，福建生产的红茶价格毫无竞争力，中国红茶出口受阻。如此大的市场压力令当时的福建茶农跟茶商们忧心忡忡，因为福建是红茶的发源与繁荣之地，那时候茶农赖以为生的产品就是红茶。红茶的滞销促使他们开始思考对策，最终决定以白茶来打开出口市场，拳头产品就是白毫银针。制作政和白毫银针的政和大白茶树是光绪六年（1880）在政和东城十余里外的铁山镇发现并被培植推广的。《政和县志》记：“清咸、同年（1851—1874）菜茶（小白茶）最盛，均制红茶，以销外洋，嗣后逐渐衰弱，邑人改植大白茶。”用来制作福鼎白毫银针的福鼎大白茶树是咸丰七年（1857）福鼎点头镇柏柳村的茶商陈焕在太姥山中发现了福鼎大白茶母树，也就是古茶“绿雪芽”，并将其繁育成功、推广种植的。白毫银针鲜美的滋味倾倒了大批茶客，临近的福州、厦门的出口口岸又为它的运输提供了极大便利。于是白茶大量出口东南亚，使得福建茶商扭转了经营窘境，历史上管这类白茶叫作“侨销茶”。

综上，笔者认为熊明遇时代的“绿雪芽”应为绿茶，而不是白茶。另外，“绿雪芽”这个名字都有可能为熊明遇所起，因为熊明遇的住所名叫绿雪楼，其文集叫作《绿雪楼集》，有点如出一辙的感觉吧。

南风十日满帘香

茉莉花具有舒肝解郁、理气安神的功效，

尤能有效改善“春愁秋悲”这类因季节转变而情志波动的心疾。

传统茉莉花茶“馨窈”窨制中

“斗茶时节买花忙，只选多头与干长。花价渐增茶渐减，南风十日满帘香。”这首诗出自明人钱希言，诗中描述的即是买花窨茶的热闹场景。花茶也称香片，由茶坯与鲜花窨制而成，属于六大茶类外的再加工茶类。花茶既有茶叶之本味，又具所窨鲜花之香，二者相得益彰，于六大茶类外别开天地，独具特色。很多鲜花均可作窨茶原料，明代朱权在《茶谱》中讲：“百花有香者皆可。当花盛开时，以纸糊竹笼两隔，上层置茶，下层置花，宜密封固，经宿开换旧花。如此数日，其茶自有香气可爱。”《云林遗事》记元代倪瓒所创“莲花茶”：“就池沼中择取莲花蕊略破者，以手指拨开，入茶满其中，用麻丝扎缚定，经一宿，明早连花摘之，取茶纸包晒。如此三次，锡罐盛扎以收藏。”明代钱椿年辑、顾元庆校的《茶谱》一书中也详细记述了当时莲花茶的制法：“于日未出时，将半含莲花拨开，放细茶一撮纳满蕊中，以麻皮略絷，令其经宿。次早摘花，倾出茶叶，用建纸包茶焙干。再如前法，又将茶叶入别蕊中，如此数次，取出焙干收用，不胜香美。”清人沈复在《浮生六记》中亦记其妻芸娘所制荷花茶：“夏月荷花初开时，晚含而晓放。芸用小纱囊撮茶叶少许，置花心。明早取出，烹天泉水泡之，香韵尤绝。”

诸多窨制的花茶中，茉莉花茶以其浓郁、清灵、韵远、持久之特质而独占鳌头，为世人所爱。茉莉花原产印度，汉时传入我国，在福建、广西、苏州等地均有种植。汉代陆贾在《南越行记》中写：“南越之境，五谷无味，百花不香，此二花（耶悉茗花、茉莉花）特芳香者，缘自胡国移至，不随水土而变。”晋代嵇含《南方草木状》记：“耶悉茗、末利花皆雪白，而香不相上下。亦胡人自大秦国移植于南

夏月荷花欲绽时

海，南人怜其芳香，竞植之。”宋人郑域《茉莉花》说：“风韵传天竺，随经入汉京。香飘山麝馥，露染雪衣轻。”王十朋也讲茉莉是“远从佛国到中华”。茶中填香，在晚唐韩偓《横塘》诗已有桂花入茶的记录：“秋寒洒背入帘霜，凤胫灯清照洞房。蜀纸麝煤添笔媚，越瓯犀液发茶香。”诗中的“犀液”指的就是桂花水。后世的饼茶亦有“掺香”现象，如北宋蔡襄《茶录》所载：“而入贡者微以龙脑和膏。”南宋施岳《茉莉词》讲的“玩芳味，春焙旋熏”应是窨制茉莉花茶的最早记载。宋末元初，周密在辑录宋人诗词的《绝妙好词》中注施岳《茉莉词》道：“茉莉，岭表所产，古人用此花焙茶。”南宋末年，赵希鹄《调燮类编》更是详细记载了其时茶叶的窨花方法，其中就包含有茉莉花：“木樨、茉莉、玫瑰、蔷薇、兰蕙、橘花、栀子、木香、梅花皆可作茶。诸花开时，摘其半含半放香气全者，量茶叶多少，摘花为伴。”

理论上六大茶类的毛茶经过精加工后均可成为窨制花茶的茶坯，实践中窨制茉莉花茶的茶坯主要是绿茶，并以烘青绿茶为主。花茶的窨制原理是利用茶叶极具吸附力这一特点来让茶坯充分吸附鲜花释放的挥发性香气化合物，由此令茶叶拥有其特质花香，从而完成窨制。烘青绿茶相对松散，体积大、表面积大，吸附力强，决定了其是非常适合窨制茉莉花茶的茶胚。茉莉花茶的传统窨制工艺是比较复杂的，它用早春优质烘青绿茶与大暑时节的茉莉花进行窨制。它的工艺流程包括茶坯处理、鲜花处理、茶花拌和、静置窨花、通花散热、收堆续窨、起花、复火干燥等。中高档茉莉花茶为提高香气品质，需进行多个窨次。一般来讲高档茉莉花茶须进行 4 ~ 7 次窨制，中档茶要

耕而陶茶斋窨制的高级传统茉莉花茶“馨窈”

2 ~ 3 次窨制。最后一次窨制结束后还要选用晴天午后采摘的粒大饱满、品质上佳的少量优质花与茶复窨一次，八小时左右出花，此工艺称为提花。提花工艺的目的是保持茉莉花茶香气的鲜灵度，接着将茶匀堆、装箱。经传统窨制工艺而成的茉莉花茶，花朵最后会被筛分出去，仅偶有个别花瓣残留，茶中基本上是看不见花的。

对于茉莉花茶，很多朋友存在一些认知误区，比如有人认为窨制一次需要一天，那么一款七窨的茉莉花茶七天就可以窨制完毕。还有朋友认为窨制的次数越多，茉莉花茶就越好喝。实际情况并非如此。在窨制时间上，当我们窨制一款茶的时候，需要选择优质的茉莉花，那么就会首选晴天采摘的花朵。如果在窨制过程当中遇到阴天下雨，这时候对于一个对品质要求严格的制茶者来说，就会等待晴天，如此就不是可以连续进行一天一窨的工作了。比方说“耕而陶茶斋”的传统茉莉花茶“馨窈”，这个茶每年的窨制时间都要在二十天左右。就花茶的窨制次数来讲，一个常识，茶叶的吸附力是有限度的，也就是说不可能窨 100 次茶，它就能吸 100 次香。从笔者实践经验来看，一款花茶窨制到 7 次已经是很高的窨数了，如果还要继续窨制，个人认为不如直接去泡一杯茉莉花喝好了。另外在这一点上还存在一个用花量的问题，比如说同样工艺下去窨制 50 斤茶坯，甲用 50 斤茉莉鲜花来窨，乙用 30 斤茉莉鲜花来窨，你说哪个成品茶的品质更高？

制茶我不懂，买茶怕上当，那怎么才能选购到优质的传统茉莉花茶呢？我给大家提供一个简单可行的办法，在花茶价格相近的前提下，品茶时注意三点：花香入骨，香气灵动，汤水清甜耐泡。花香能够入骨说明窨制次数达标。香气轻盈灵动表明鲜花质优、香而不腻，窨制工艺恰到好处。汤水清甜耐泡，说明茶树生长的地方海拔高，气温低，云雾缭绕，地理环境优异。这些因素使得茶树对糖分的积累得以增加，氨基酸增加，甜、鲜度增加；咖啡碱、茶多酚减少，苦涩度降低，因此高山茶的鲜爽甘甜度大大优于低海拔茶。符合这三个特征的一定是上品传统茉莉花茶。

茉莉花具有舒肝解郁、理气安神的功效，尤能有效改善“春愁秋悲”这类因季节转变而情志波动的心疾。喜茶的朋友们在春秋二季多品品茉莉花茶，定会给身心带来不同寻常的美妙感受。

传统窨制茉莉花茶“馨窈”的汤色

明末清初诞新茶

至此，白、绿、黄、青、红、黑六大茶类在清代全部齐备。

桐木关内正山小种熏制中

明末的某年，红茶阴错阳差地诞生在了武夷山桐木关中。当地百姓传说，明末有军队路过桐木关，吓得正在制作早春绿茶的茶农们来不及对采摘下的鲜叶杀青，都跑进深山避祸。第二天天明，军队离去，出山返家的茶农们看着堆放满地的茶青傻了眼，过夜的茶青已经变软，且发红、发黏。坏了，他们认为。可毕竟是劳动成果，贫苦的茶农们还是不忍将其扔掉，于是就想办法弥补。有人把已经变软的茶叶搓揉成条，用山里的马尾松生起火来烘干。茶叶被烘干后，红皱的外表变得乌黑油亮，并且带有一股清凉的松脂香，一尝，清凉甘甜，别具风味。红茶诞生了。《清代通史》记载："明末崇祯十三年（1640），红茶始由荷兰转至英伦。"

明末清初，有一位嗜茶之人值得一表，此人名杜濬，号茶村，湖北黄冈人，明崇祯时的太学生。明亡后，不出仕，寓居于南京、扬州，77岁逝去。杜濬一生嗜茶，每次饮完茶，他都要把叶底收拾规整，存放在一起，到了年底就聚而封之，谓之茶丘。杜濬作过一篇《茶丘铭》，开篇即讲："吾之于茶也，性命之交也。性也有命，命也有性也。天有寒暑，地有险易。世有常变，遇有顺逆。流坎之不齐，饥饱之不等，吾好茶不改其度。清泉活火，相依不舍。计客中一切之费，茶居其半。有绝粮无绝茶也。"可见嗜茶之深。杜濬于茶亦颇有见地，他说："夫予论茶四妙：曰湛，曰幽，曰灵，曰远。用以澡吾根器，美吾智意，改吾闻见，导吾杳冥。"在其《落木庵同蒲道人啜茗》一诗中我们可以感受到杜濬论茶四妙之意境："苦茗生平好，逢师此共斟。绿江无尽意，白首有同心。山月照逾淡，松风吹使深。黄鹂知饮惬，枝上送佳音。"

杜濬才学俱佳，与柳敬亭是好朋友。柳敬亭（1587—1670），外号“柳麻子”，明末清初著名评话艺术家，扬州评话的开山鼻祖。黄宗羲《柳敬亭传》评其风范：“敬亭既在军中久，其豪猾大侠、杀人亡命、流离遇合、破家失国之事，无不身亲见之。且五方土音，乡俗好尚，习见习闻。每发一声，使人闻之，或如刀剑铁骑，飒然浮空；或如风号雨泣，鸟悲兽骇。亡国之恨顿生，檀板之声无色，有非莫生之言可尽者矣。”清人李斗的《扬州画舫录》中记杜濬曾与柳敬亭在扬州茶肆“乔姥茶桌子”饮茶聊书，可窥其时户外茶事风貌：“乔姥于长堤卖茶，置大茶具，以锡为之，小颈修腹，旁列茶盒，矮竹几杌数十。每茶一碗二钱，称为‘乔姥茶桌子’。每龙船时，茶客往往不给钱而去。杜茶村尝谓人曰：‘吾于

武夷山石刻

虹桥茶肆与柳敬亭谈宁南故事，击节久之。盖如此茶桌子也。’”

清初，在松萝茶的影响下，武夷岩茶即青茶诞生在了福建武夷山。清初的武夷山茶仍旧是蒸青绿茶。武夷茶山沟壑纵横，茶树又分布于峰岩之中，采茶时翻山越岭，叶片曝于日光之下，便产生了日晒萎凋现象。鲜叶在茶篮中震动、摩擦，已属摇青，再压放一久，必然会微发酵而致鲜叶边缘变赤红色。用这种茶青做成的绿茶不好喝。清顺治年间，崇安来了一位实干家做县令，他的名字叫殷应寅（在任时间为 1650—1653 年）。殷应寅看到武夷山那么好的茶青做成的绿茶不好喝，很是焦虑。为了解决这个问题，他很自然地想到了名满天下的松萝茶。于是殷应寅便招募安徽黄山僧人来崇安传授松萝茶的制法，至此，武夷才有了炒、烘工艺的绿茶，被称作武夷松萝。《武夷山志》记载：“崇安殷令招黄山僧以松萝法制建茶，真堪并驾，人甚珍之，时有‘武夷松萝’之目。”当时的福建布政使周亮工在他写的《闽小记》里说：“近有以松萝法制之者，即试之，色香亦具足。”然而接着他又说了此种方法下做出的茶的缺点：“经旬月，则紫赤如故。”一放，又出现了继续氧化的现象，这说明其时武夷茶的焙火程度不够，工艺还未完全成熟。怎么办？经过武夷人数十载的实验、改进、摸索，有成。大致写于清康熙五十五年（1716）的王草堂的《茶说》里记载了武夷岩茶的制法：“独武夷炒焙兼施，烹出之时，半青半红。青者乃炒色，红者乃焙色也。茶采而摊，摊而攎，香气发即炒，过时不及皆不可，既炒既焙，复拣去其中老叶枝蒂，使之一色。” 经过成熟焙火工艺的茶颜色乌青，条索扭曲，乌龙茶诞生了。源于明代的黄茶也在清代赵懿的《名山县志》中有了明确记载，他这样记载蒙顶黄芽的闷黄制作工艺："岁以四月之吉祷采，命僧会司，领摘茶僧十二人入园，官亲督而摘之。尽摘其嫩芽，笼归山半智矩寺，乃剪裁粗细及虫蚀，每芽只拣取一叶，先火而焙之。焙用新釜燃猛火，以纸裹叶熨釜中，候半焉，出而揉之，诸僧围坐一案，复一一开，所揉匀摊纸上，弸于釜口烘令干，又精拣其青润完洁者为正。"至此，白、绿、黄、青、红、黑六大茶类在清代全部齐备。

群体种老川茶所制蒙顶黄芽

乾隆识水瀹三清

尝以雪水烹茶，沃梅花、佛手、松实啜之，名曰三清茶。

纪之以诗，并命两江陶工作茶瓯，环系御制诗于瓯外，

即以贮茶，致为精雅，不让宣德、成化旧瓷也。

〔清〕郎世宁《乾隆皇帝围猎聚餐图轴》（故宫博物院藏）

《乾隆皇帝围猎聚餐图轴》局部（故宫博物院藏）

卡尔·马克思说："野蛮的征服者总是被他们征服了的民族的高度文明所征服。"此话确然。满族入主中原后，开始向化汉文化。于茶事上满族统治者延续了本民族饮用奶茶习俗的同时，也接受了中原的茶饮。皇族在清宫内设有御茶房，专侍皇室饮茶。清宫旧制，皇帝御前例用乳牛六十头，每日泉水十二罐，乳油一斤，茶叶七十五包；皇后前，例用乳牛二十五头，每日泉水十二罐，茶叶十包；贵妃前，乳牛四头；妃，乳牛三头；嫔乳牛二头……故宫博物院有郎世宁绘《乾隆皇帝围猎聚餐图轴》一幅，画中绘围猎结束后，乾隆皇帝盘膝而坐，周边列满兵士，有警戒者、休息者、烤肉者，还有三人正准备用金制多穆壶奶茶桶斟奶茶于碗中。

清代用于进贡的地方茶类更是品种繁多，有浙江的龙井茶、日铸

清金嵌宝石多穆壶（台北故宫博物院藏）

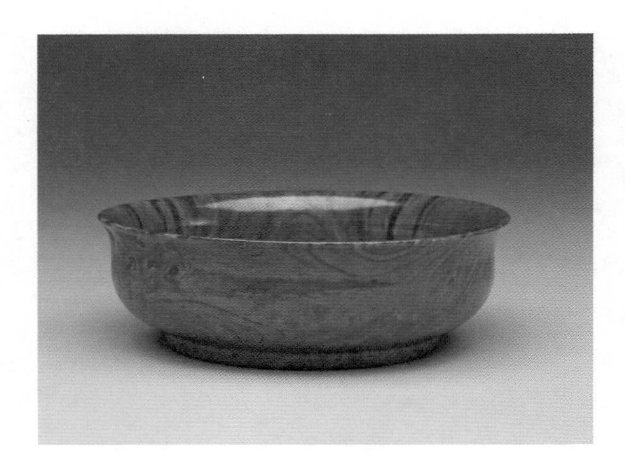

清乾隆瓷仿拉古里木纹奶茶碗（台北故宫博物院藏）

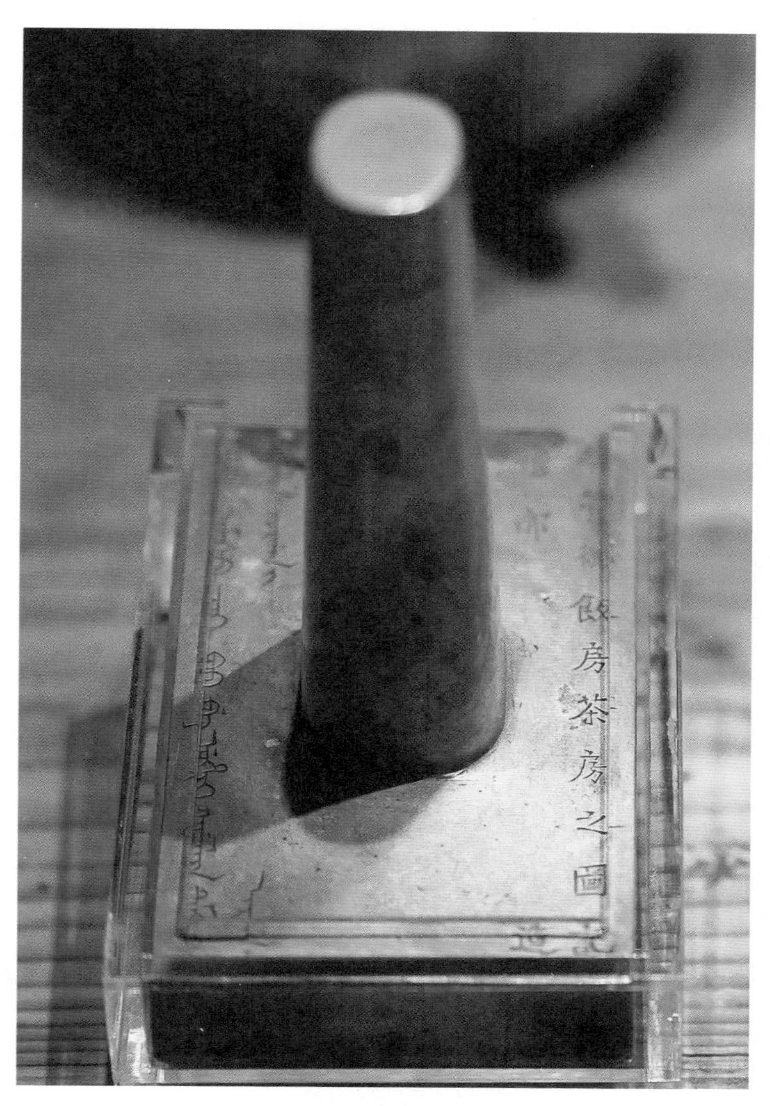

清乾隆“总管御饭房茶房之图记”铜印（故宫博物院藏）

清代龙井贡茶（故宫博物院藏）

清代大型普洱团茶贡茶（故宫博物院藏）

清代青城芽茶贡茶（故宫博物院藏）

茶，江苏的碧螺春、阳羡茶，安徽的六安茶、雀舌茶、珠兰茶、松萝茶、黄山毛尖茶，江西的庐山茶，湖北的通山茶，湖南的安化茶、君山银叶茶，四川的蒙顶山茶、锅焙茶、青城芽茶，云南的普洱茶，福建的武夷茶、北苑茶、郑宅芽茶……

康、雍两代江山稳固，国富民安，继承了祖宗这份丰厚家业的“十全老人”乾隆开始了奢靡的帝王生活，在茶事上，乾隆更是个中高手。对于茶来讲，沏茶所用之水是极其重要的，水不好，再好的茶都没办法展现出它的精蕴所在。用现代科学话语表达就是茶的各种营养成分都要通过水的冲泡来实现，水的好坏，直接决定了这些内质是否能够得到充分呈现。历代茶人均奉宋徽宗赵佶《大观茶论》中“水以清轻甘洁为美，轻甘乃水之自然，独为难得”之语为圭臬。明代茶学大家许次纾在其《茶疏》里说：“精茗蕴香，借水而发，无水不可与论茶也。”张大复在《梅花草堂笔谈》里也论道：“茶性必发于水，八分之茶，遇十分之水，茶亦十分矣；八分之水，试十分之茶，茶只八分耳。”

乾隆深谙此道且付诸实践，他命工匠制作了一个银制小方斗，在巡游四方、游山玩水时总是带着这个小银斗。每遇名泉，就命人用此斗装水称重，记录结果，评出优劣。乾隆在称遍所遇之水后，得出的结论是京西玉泉山的泉水分量最轻，味道最甘。乾隆贵为一朝天子，但他不唯书、只唯实，制斗称水实事求是的态度真是值得时下学茶的朋友们借鉴。如今面对市场眼花缭乱的广告，茶怎么选？没有捷径，就是去找能够代表该类茶的标杆茶喝，逐步积累经验，只有实践方能出真知，这是根本。

北京西郊玉泉山

玉泉山位于北京海淀区西山山麓、颐和园西侧，山形如马鞍，山顶有玉峰塔一座。《燕楚游骖录》记："玉泉源出县西玉泉山，汇为西湖，分流而东南，入德胜门内西水关。至皇城内太液池，由大内经金水桥流出玉河桥，过正阳门东水关。"其后玉泉水一直流入北通州运河汇为古时南北水路交通大动脉。乾隆称玉泉山泉水之事被他写入了《玉泉山天下第一泉记》：

尝制银斗较之，京师玉泉之水，斗重一两。塞上伊逊之水，亦斗重一两。济南之珍珠泉，斗重一两二厘。扬子江金山泉，斗重一两三厘，则较之玉泉重二三厘矣。至惠山、虎跑，则各重玉泉四厘，平山重六厘。清凉山、白河、虎丘及西山的碧云寺，各重玉泉一分。然则更轻于玉泉者有乎？曰有，乃雪水也。尝收集而烹之，较玉泉斗轻三厘。雪水不可恒得，则凡出山下而有洌者，诚无过京师之玉泉，故定为天下第一泉。

竟然还有“轻于玉泉者”，喜茶到极致的“十全老人”乾隆用雪水沏茶，这一沏还真就沏出了一款绝代名茶“三清茶”。何谓“三清”，曰“梅花”，曰“松子”，曰“佛手”。梅花是二十四番花信之首，白居易《春风》诗有：“春风先发苑中梅，樱杏桃梨次第开。”梅与兰花、竹子、菊花列为四君子，与松、竹并称为“岁寒三友”。在中国传统文化中，梅象征着高洁清雅。乾隆喜梅，他说梅“花香闻不酽，色淑看非妖”，“色与真香沁心所，暮吟朝把几徘徊”。古人对松子十分推崇，食松子能长生不老的观点一直在民间流传，人们将其与黄精一起称为“仙人粮食”。《列仙传》里说：“时人受服者，皆至二三百岁焉。”佛手也叫佛手柑，芸香科植物，果实状如人手，具独特的清芬芳香。这三味清料，梅花自古入药，开郁和中，化痰，解毒。松子是优质坚果，富含不饱和脂肪酸、蛋白质、碳水化合物，有健脑健脾、滋润皮肤的功效。佛手亦入药，功可疏肝理气，健胃化痰。以此三清入龙井贡茶（乾隆《雨前诗》注：每龙井新茶贡到，内侍即烹试三清以备尝新），乾隆玩茶的高度实非常人可及。

乾隆十一年（1746），乾隆帝外出巡游，返京途中在定兴遇雪，其时雪下得很大，乾隆观景而感，作《雪中过定兴县》一诗。其后乾隆命人汲雪，以“梅花”“松子”“佛手”入茶，在行宫毡帐内细品雪水三清茶，大悦，提笔写就了著名的《三清茶》诗："梅花色不妖，佛手香且洁。松实味芳腴，三品殊清绝……"

乾隆皇帝非常喜爱三清茶及此茶诗，下旨命景德镇御窑厂烧制专门啜饮三清茶的茶碗并将《三清茶》诗书于其上。此碗撇口，为青花与矾红二种，口、足内、外绘有如意纹饰，杯壁书乾隆御制诗《三清茶》一首，内底绘梅花、松树、佛手三图，杯底书"大清乾隆年制"二行六字篆款。其制作档案可见乾隆十一年《活计档》中发往江西景德镇御窑场的记载："二十八日，太监胡世杰交嘉窑青花白地人物撇口钟，随旧锦匣，传旨照此钟样将里面底上改画带枝松、梅、佛手花纹，线上照里口一样添如意云，中间要白地，钟外口并足上亦添如意云，中间亦要白地写御笔字，先做样呈览，准时交江西烧造。钦此。"

制得的三清茶器尤受乾隆喜爱，他在题写《咏嘉靖雕漆茶盘》诗时注道："尝以雪水烹茶，沃梅花、佛手、松实啜之，名曰三清茶。纪之以诗，并命两江陶工作茶瓯，环系御制诗于瓯外，即以贮茶，致为精雅，不让宣德、成化旧瓷也。"此后，三清茶作为独一无二的饮品每每被用到重华宫茶宴，御制三清茶器也成为乾隆赏赐近臣的佳物。重华宫始建于明代，位于紫禁城御花园西，乾隆为皇子时成婚后移居于此，其时名为乾西二所。乾隆登基后，此处作为肇祥之地被命名为重华宫，语出孔颖达"此舜能继尧，重其文德之光华"。重华宫茶宴非常风雅，席间无酒无菜，只行品茗、尝果、赋诗、听乐、观舞等怡情雅事。赋诗由皇帝首起，定下主题和用韵后，大臣们现场作诗联句。乾隆在《正月五日重华宫茶宴廷臣及内廷翰林》诗注中写道："每岁于重华宫延诸臣入，列座左厢。赐三清茶及果。诗成，传

清乾隆青花御制诗《三清茶》诗茶碗（台北故宫博物院藏）

清乾隆矾红御制诗《三清茶》诗茶碗（台北故宫博物院藏）

笺以进。”每年新春能够奉旨赴重华宫参加如此清雅茶宴的臣工均将此视为无上荣光。清人夏仁虎在《清宫词》中这样描写重华宫茶宴：“松仁佛手与梅英，沃雪烹茶集近臣。传出柏梁诗句好，诗肠先为涤三清。”

除了雪水烹茶，乾隆皇帝亦喜用荷花上的露水，究其原因，还是应了“清轻甘洁”四字。乾隆作有《荷露烹茶》诗两首，一首说：“秋荷叶上露珠流，柄柄倾来盎盎收。白帝精灵青女气，惠山竹鼎越窑瓯。”另一首讲：“荷叶擎将沆瀣稠，天然清韵称茶瓯。胜泉且免持符调，似雪无劳扫帚收。气辨浮沉原有自，火祥文武恰相投。灶边若供陆鸿渐，欲问曾经一品不。” 同雪水瀹三清一样，乾隆也非常中意于荷露烹茶的享受，又下旨烧制相关茶器，并录写他的《荷露烹茶》诗。“三清”茶器同“荷露烹茶”茶器，既是乾隆帝的日常所用器具，也体现了他对汉文化的向往。这些器皿设计独特，诗文清雅，传达出乾隆帝品茗时所追寻的意境，也反映了帝王生活之奢华。

皇家茶事始于何时呢？宋代秦醇曾写《赵后遗事》，其中记：“余里中有李生，世习儒术而业甚贫。余尝过其家，墙角一破筐藏古抄书数十册，中有《赵氏琐事》，虽纸墨脱落，尚可观览。余就李生乞之以归，补正编次成篇，传诸好事者。”又记：“后在东宫，忽寐中惊啼甚久，侍者呼问方觉。乃言曰：‘适吾梦中见帝，帝自云中赐吾坐，帝命进茶，左右奏帝云，向日侍帝不谨，不合啜此茶。’”宋人秦醇在邻居家见到了一本古抄书，其中记有公元前 7 年汉成帝刘骜驾崩后皇后赵飞燕于梦中得皇帝赐茶却为左右大臣所阻一事。若此

清乾隆白瓷描红《荷露烹茶》诗茶碗（台北故宫博物院藏）

事属实，那这就是有关皇家茶事的最早记载，说明在汉代茶已经进入了宫廷。南朝梁刘孝绰在给晋安王的谢启中说：“李孟孙宣教旨，垂赐米、酒、瓜、笋、菹、脯、酢、茗八种……”隋文帝杨坚用茶治愈了脑疾，令杨坚视茶为神物，大力倡导饮茶，《隋书》讲：“由是竞采，天下始知茶。”如此情形下可想见杨坚应有赐茶与近臣之举。

皇帝赐茶以示恩信是宫廷之中的高规格礼遇。唐李冗《独异志》记：“元公德秀，明经制策入仕。其一篇述云：‘天子下帘亲自问，宫人手里过茶汤。’”唐大历十才子之一的韩翃在《为田神玉谢茶表》中有“臣某言，中使至，伏奉手诏，兼赐臣一千五百串，令臣分给将士以下”之事。宋代第一大“玩家”宋徽宗甚至亲自组织茶、酒之会且亲手点茶赐予臣下。蔡京《保和殿曲燕记》：“赐茶全真殿，上亲御击注汤，出乳花盈面。”又引《延福宫曲宴记》云：“上命近侍取茶具，亲手注汤击拂，少顷，白乳浮盏面，如疏星淡月。”以上这些宫廷赐茶习俗一直延续至清代，尤以乾隆的重华宫茶宴为盛。

〔清〕佚名《弘历观月图轴》（故宫博物院藏）

溯本逐源话茶馆

茶馆是茶文化的重要载体，茶馆离不开那些喜茶喝茶的人，

时代造就了茶馆，茶馆反映着时代。

国事家事天下事，笑声哭声喧闹声，茶馆成了最接地气的民生舞台。

提起茶馆，时人最熟悉的应该是老舍先生著作《茶馆》里所写的这个场景了：

这种大茶馆现在已经不见了。在几十年前，每城都起码有一处。这里卖茶，也卖简单的点心与菜饭。玩鸟的人们，每天在遛够了画眉、黄鸟等之后，要到这里歇歇腿，喝喝茶，并使鸟儿表演歌唱。商议事情的，说媒拉纤的，也到这里来。那年月，时常有打群架的，但是总会有朋友出头给双方调解；三五十口子打手，经调人东说西说，便都喝碗茶，吃碗烂肉面（大茶馆特殊的食品，价钱便宜，作起来快当），就可以化干戈为玉帛了。总之，这是当日非常重要的地方，有事无事都可以来坐半天。……屋子非常高大，摆着长桌与方桌，长凳与小凳，都是茶座儿。隔窗可见后院，高搭着凉棚，棚下也有茶座儿。屋里和凉棚下都有挂鸟笼的地方。各处都贴着“莫谈国事”的纸条。

茶馆起源于何时何地呢？一般认为茶馆起源于西晋时的巴蜀。四川是茶的故乡，川人饮茶自是兴盛。西晋时以文学著称的中书侍郎张载有《登成都白菟楼》一诗传世。《晋书》记：“张载字孟阳，安平人也。父收，蜀郡太守。载性闲雅，博学有文章。太康初，至蜀省父。”公元 280 年，张载去探望在成都做蜀郡太守的父亲，省亲期间，他游走于成都，对那里的市井风貌、风土人情有了深入了解，《登成都白菟楼》就是张载此次成都之行的作品。白菟楼又称“张仪楼”，为秦时张仪所建。其诗描写了白菟楼的雄伟气势跟当时成都商业的繁荣、物品的丰富，特别赞美了四川的香茶，这也是中国文学赞

茶室一角

茶诗句的首现。诗中写道："重城结曲阿，飞宇起层楼……西瞻岷山岭，嵯峨似荆巫……鼎食随时进，百和妙且殊。披林采秋橘，临江钓春鱼……芳茶冠六清，溢味播九区。"六清指《周礼》的"六饮"，是供周天子食用的六种饮料，有水、浆、醴、凉、醫、酏。九区即九州，在晋代指当时全国区划分为冀、兖、青、徐、扬、荆、豫、梁、雍九州，后用"九州"泛指全中国。白菟楼出售的茶水，其味冠于周天子的六饮，其芬芳流播九州。人们大多认为张载笔下的这个"白菟楼"即是具有茶馆功能的场馆。

明确记载经营茶叶、出售茶水情形的文字出现在唐代封演的《封氏闻见记》中："开元中，泰山灵岩寺有降魔师大兴禅教，学禅务于不寐，又不夕食，皆许其饮茶。人自怀挟，到处煮饮。从此转相仿效，遂成风俗。自邹、齐、沧、棣，渐至京邑，城市多开店铺煎茶卖之。"可以看出，那时长安、河南、河北、山东等地均出现了经营茶饮的店铺。茶盛于唐，盛唐时城市经济发展，市民阶层渐起，逐步壮大，这些人客观上存在着娱乐、休闲与交流信息的需求，为他们提供服务的场所茶馆的出现成为势所必然。

宋代，经济文化的空前发展令茶馆大兴。孟元老记录北宋都城东京汴梁风俗人情的《东京梦华录》记载，其时各类茶坊鳞次栉比，"过州桥，两边皆居民，李四分茶……街北薛家分茶"，"朱雀门外街巷……以南东西两教坊，余皆居民或茶坊"。南宋耐得翁《都城纪胜》中记录有各式茶坊："大茶坊张挂名人书画，……人情茶坊，本非以茶汤为正，但将此为由，多下茶钱也。又有一等专是娼妓弟兄打聚处；又有一等专是诸行借工卖伎人会聚行老处，谓之'市头'。水茶坊，乃娼家聊设桌凳，以茶为由，后生辈甘于费钱，谓之干茶钱……旧曹门街，北山子茶坊，内有仙洞、仙桥，仕女往往夜游，吃茶于彼。”南宋周密《武林旧事卷六·歌馆》记：“外此诸处茶肆，清乐茶坊、八仙茶坊、珠子茶坊、潘家茶坊、连三茶坊、连二茶坊，及金波桥等两河以至瓦市，各有等差。”

在我们熟知的《水浒传》里，阳谷县有一家全书最出名的茶坊——“王婆茶坊”，这个茶坊的主人即是西门庆、潘金莲风流事件的中间人王婆。《水浒传》第二十四回“王婆贪贿说风情，郓哥不忿闹茶肆”中，西门庆被潘金莲失手滑落的叉竿打中后淫心顿起：

只见那西门庆一转，踅入王婆茶坊里来，便去里边水帘下坐了。……半歇，王婆出来道：“大官人吃个梅汤？”西门庆道：“最好，多加些酸。”王婆做了一个梅汤，双手递与

宋持注子侍女石刻（中国国家博物馆藏）

西门庆。西门庆慢慢地吃了，盏托放在桌子上。……王婆道：“大官人，吃个和合汤如何？”西门庆道：“最好，干娘放甜些。”王婆点一盏和合汤，递与西门庆吃。次日清早……西门庆呼道：“干娘，点两盏茶来。”王婆应道：“大官人来了，连日少见。且请坐。”便浓浓的点两盏姜茶，将来放在桌子上……吃了茶……西门庆笑了去。西门庆又在门前……便道：“老身看大官人有些渴，吃个宽煎叶儿茶如何？”

为了托王婆穿针引线，西门庆数次到王婆茶坊吃茶，茶品很丰富，有“梅汤”“和合汤”“姜茶”“宽煎叶儿茶”，于此文字间我们可以看到，南宋一个小小的个体茶坊中，竟供应着如此繁多的茶水种类，可想见其时茶事之盛。

宋代茶坊作为一个公共空间，除了休息、解渴的原始功能外，还兼具品茗会友、休闲娱乐、说媒拉纤、传递信息等社会功能。茶馆在宋代已相当普及，茶馆文化日盛，后世茶馆的各类功能在彼时基本齐备。需要注意的是茶馆虽然得以兴盛发展，但它自始即为市民文化产物，其特点是开放性、大众性、娱乐性，所以茶馆的经营必然带着多样化的手段，这是中国茶馆文化的特点。这一结果也使得茶馆在宋代不太入一些文人的眼目，如北宋米芾在《画史》中有如此话语：“程坦、崔白、侯封、马贲、张自芳之流，皆能污壁，茶坊酒店，可与周越、仲翼草书同挂，不入吾曹议论。”南宋朱熹《小学》有：“行步出入，无得入茶肆酒肆。”

元代茶馆亦盛，其时处于最低阶层的汉族文人郁郁不得其志，他们或隐于泉林，或流连在市井茶肆，借助茶的清芬来荡开胸中块垒。

元曲四大家之一的关汉卿在《不伏老》中讲："愿朱颜不改常依旧，花中消遣，酒内忘忧，分茶攧竹，打马藏阄。"源于生活的元曲杂剧中多有涉及茶馆的描述，从此类描述中可以得见彼时茶馆之面貌。李行甫杂剧《包待制智赚灰阑记》："如今别无其事，寻俺旧时姑姊妹们，到茶房中吃茶去来。"无名氏《禰李岳诗酒玩江亭》："要吃酒呵，走到那酒店门前……要吃茶呵，走到那茶坊里，打个稽首，粗茶细茶，冷茶热茶，吃了便拿。"关汉卿《钱大尹智勘绯衣梦》："好茶也，汤浇玉蕊，茶点金橙。茶局子提两个茶瓶，一个要凉蜜水，搭着味转胜。客来要两般茶名。南阁子里啜盏会钱，东阁子里卖煎提瓶。"马致远《吕洞宾三醉岳阳楼》："在这岳阳楼下开着一座茶坊，但是南来北往经商客旅，都来我茶坊中吃茶。"

明代出现资本主义萌芽，商品经济发达，作为市井文化代表的茶馆，自是发达。"茶馆"二字的出现，笔者见到的最早的文献源出明代张岱《陶庵梦忆》："崇祯癸酉，有好事者开茶馆。"张岱、王月生、董其昌、阮大铖等人在秦淮河畔的品茶地点花乳斋，本质上亦是高级茶馆。明代文献对茶馆的记述颇多，略引一二。明人田汝成《西湖游览志馀》记："嘉靖二十六年三月，有李氏者，忽开茶坊，饮客云集，获利甚厚，远近仿之，旬日之间，开茶坊者五十余所。"此书还专门记述了"茶博士"这类专业侍茶之人："富家燕会，犹有专供茶事之人，谓之茶博士。"王希范《西湖赠沈茶博》诗云："百斛美醪终日醺，碧瓯偏喜试先春。烟生石鼎飞青霭，香满金盘起绿尘。诗社已无孤闷客，醉乡还有独醒人。因思儤直銮坡夜，特赐龙团出紫宸。""茶博士"一词最早见于唐代《封氏闻见记》："茶毕，命奴

茶室雅器

子取钱三十文酬煎茶博士。”明末凌濛初的《初刻拍案惊奇》中亦有茶博士的记录，并描写了其时茶坊场景：“不止一日，直到上庠，未去歇泊，便来寻问。学对门有个茶坊，但见：木匾高悬，纸屏横挂。壁间名画，皆唐朝吴道子丹青；瓯内新茶，尽山居玉川子佳茗。张客人茶坊吃茶。茶罢，问茶博士道：‘此间有个林上舍否？’博士道：‘上舍姓林的极多，不知是那个林上舍？’”

清代，游手好闲的八旗子弟开始频繁出入于茶馆酒肆之中，带动了茶馆业的繁荣。清代茶馆遍布全国各地，数量极多。我们通过清人李斗的《扬州画舫录》来看一下乾隆年间茶馆的繁盛，“双虹楼，北门桥茶肆也。楼五楹，东壁开牖临河，可以眺远”，“天宁门之天福居，西门之绿天居，又素茶肆之最盛者”，“城内外小茶肆或为油鏇饼，或为甑儿糕，或为松毛包子，茆檐荜门，每旦络绎不绝”，“明月楼茶肆在二钓桥南……肆中茶取于是，饮者往来不绝”。《扬州画舫录》更是记述了扬州的高档茶肆：“吾乡茶肆，甲于天下。多有以此为业者，出金建造花园，或鬻故家大宅废园为之。楼台亭榭，花木竹石，杯盘匙箸等，无不精美。辕门桥有二梅轩、蕙芳轩、集芳轩，教场有腕腋生香、文兰天香，埂子上有丰乐园，小东门有品陆轩，广储门有雨莲，琼花观巷有文杏园，万家园有四宜轩，花园巷有小方壶，皆城中荤茶肆之最盛者。”

清末民初，南北城市遍布茶馆，尤以北平、四川两地的茶馆最为多姿。文章开头引老舍先生文字描述了北平茶馆，清末民初还有一位游遍全国各地，见多识广，又熟谙各地民俗风情，对北平、四川两地茶馆都了如指掌的老先生，他就是光绪帝珍妃、瑾妃的堂侄孙唐鲁孙。唐鲁孙先生（1908—1985）在《老乡亲》一书中回忆北平茶馆：“北平大小的清茶馆，大街小巷都有，各有各的主道。这路茶馆天不亮就挑开灶火，烧上开水了。第一拨是寅末卯初遛早儿的……第二拨是遛鸟儿的……一进茶馆往罩棚底下一挂，各归各类，您就听它们一套跟一套歌唱比赛吧……第三拨就是一般耍手艺的，名为来喝早茶，实际是等工作，譬如厨师、棚匠……有些茶馆，为了招揽茶客，聘请一档子说评书先生来拴住茶座……出外城过了关庙不远，就有野茶馆儿了……这种野茶馆儿的茶壶、茶碗，虽然五光十色、缺嘴少盖，可是茶具都是用开水烫过，准保卫生。”

唐鲁孙先生讲四川茶馆：“茶馆乃成了调解仲裁的处所，吃吃讲茶，彼此一迁就，就能把困难纠纷摆平……摆龙门阵是四川哥子们的特长。所谓龙门阵势摆得广大高深，越摆越远，扯到后来离题太远，简直不知所云，大家一笑而罢，才算一等一高手。藏园老人傅增湘的老弟傅增瀅说，四川人摆龙门阵，说者要有纵横一万里、上下五千年的襟怀；听者要有虚怀若谷的精神，百听不厌的耐心，才算龙门阵中高手。”

老先生尤其记录了其时重庆和西南各地茶馆内所用之茶，为我们留下了珍贵的文献资料：“很少有准备香片、龙井、瓜片一类茶叶的，他们泡茶以沱茶为主。沱茶是把茶叶制成文旦大小一个一个的，掰下一块泡起来，因为压得确实，要用滚热开水，闷得透透的，才能出味。喝惯了龙井、香片的人，初喝觉得有点怪怪的，可是细细品尝，甘而厚重，别有馨逸。有若干人喝沱茶上瘾，到现在还念念不忘呢！普洱茶是云南特产，爱喝普洱茶的人也不少，不过茶资比沱茶要稍微高一点。”

当代茶馆依旧发挥着小憩解渴、休闲会友、文化娱乐、商业洽谈等诸多功能，从形式上看有休闲娱乐茶馆、演艺茶馆、茶艺馆、餐茶馆、地方风情茶馆、品牌茶馆、综合茶馆及共享茶空间等多种类型。中国的茶馆，萌芽于西晋，成于唐开元中后期，兴盛发展在宋元明清，在漫长的行进过程中，它不断融合了饮食文化、风俗文化、地域文化，进而形成了综合性的茶馆文化。茶馆是茶文化的重要载体，茶馆离不开那些喜茶喝茶的人，时代造就了茶馆，茶馆反映着时代。国事家事天下事，笑声哭声喧闹声，茶馆成了最接地气的民生舞台。用一句回文联祝愿新时代下茶馆的从业者们，祝大家“满座老舍客，客舍老座满”。

如遇知己是佛手

永春佳美，佛手飘香，如果身边有要好的朋友还未曾去过永春，

不妨事，就请你送泡佛手茶给她吧，“永春佛手，如遇知己”！

弘一大师为永春佛手茶的题词

民国二十八年（1939）4月15日，福建南部一个名不见经传的普通小城永春城东的桃源殿内迎来了两位出家僧人，一位是侍侣性常法师，另一位是近代律学高僧弘一大师（1880—1942）。来永春的这一年，大师已经六十岁了。在永春的日子里，弘一大师先于桃源殿讲法，其后移居至蓬壶普济寺山中茂棚小屋掩关习静，行文著书。普济寺峰峦竞秀，境地幽僻，涧泉清冽，习俗淳古，恰似世外桃源，弘一大师在此一住就是五百多天。大师极喜这里的永春佛手茶，每日诵经、著书之余，均有永春佛手茶相伴。后来他的弟子永春人李芳远经常为老师送去永春佛手，弘一大师在寄蒋竹庄居士的手札中说："芳远童子十三岁时，即与朽人相识。他知道老衲喜欢喝永春佛手茶，不时捎几斤狮峰佛手茶给我饮用。"除自己品饮外，大师还将永春佛手茶作为礼物赠送给自己的友人，于写给丰德胜居士的信中，他说：

“附奉上永春佛手种茶二瓶，乞受收。”永春佛手茶结缘于弘一大师，大师一生中唯一一次为茶题名的即是永春佛手，他说：“永春佛手，如遇知己。”这是弘一大师对佛手茶最朴实无华的赞美，世上名茶，无出其右。

永春，位于福建省东南部、晋江东溪上游，与铁观音的原产地安溪县接壤。永春气候温暖湿润，雨量充沛，土壤肥沃，森林覆盖率达到了 69.5%，那里山清水秀，民风淳朴。“万紫千红花不谢，冬暖夏凉四序春”说的就是永春之美。

福建自古即是产茶大省，茶区遍布省内各地，永春自然不会例外。现存最早明确记载永春地区茶叶生产情况的文献是明嘉靖五年

永春街头小景

（1526）的《永春县志》，其录："清明采者为雀舌，谷雨采者次之，五六七八月采则粗茶；雀舌一斤值银一钱，粗茶三斤银一钱。"提到闽南茶区，喝茶的朋友都知道，那里有"一位观音一尊佛"，观音指的是安溪的铁观音，佛说的就是永春特产佛手茶了。

永春佛手茶为什么与"佛"字相关联呢？这要从它的身世及品种特点说起了。传说，三百年前永春当地的僧人栽种佛手柑礼佛，佛手柑状如手指，故名佛手。佛手与福寿谐音，故佛手被视为吉祥之物。因佛手天生具有一种迷人的清芬果香，有一次寺僧突发奇想，要是茶汤中能有佛手的香气该有多好？于是他将茶树枝条与佛手柑树嫁接，诞生了一种叶大如佛手且具佛手柑香的新品种——佛手茶树。实际此

野放老枞永春红芽佛手

事只是美好传说，经不起推敲。佛手柑属芸香目芸香科植物，而茶树为山茶目山茶科，这两类植物嫁接是没有科学依据的。应该说佛手茶这个名字是缘其叶片宽大肥厚、状似佛手柑，并且成品茶冲泡后散发着近似佛手柑的天然香气而得名，亦有人称其为雪梨香。永春佛手茶树属大叶灌木，为福建省茶树良种。永春佛手分为红芽佛手与绿芽佛手两种，品质以红芽佛手为佳。对于永春植佛手茶的文字记载，最早见于康熙四十三年（1704），其发源地在达埔狮峰山。达埔狮峰村的《官林李氏七修族谱》记狮峰岩种茶情况："僧种茗芽以供佛，嗣而族人效之，群踵而植，弥谷被冈，一望皆是。"可见永春佛手茶的栽培历史已经有三百多年了，现在狮峰岩的老茶园中尚存活有八十九株百年佛手老茶树，弥足珍贵。

永春是晋江东溪上游发源地，晋江是泉州入海的主要河流之一，永春五里街许港码头水路船运可通达泉州出海港口，历史上这条水路为永春茶叶外销提供了极大的便利。永春县是著名的侨乡，走出去的许多永春人商贾于东南亚各地，在他们的带动下永春佛手茶遂成了著名的"侨销茶"，在东南亚一带非常有名。民国时期，许多海外华侨陆续回到家乡投资茶业，植茶建厂，为永春佛手茶的兴盛起到了极大推动作用。如 1917 年旅居马来西亚的华侨李辉芳、郑文炳、李载起等 23 人集资创办了永春华兴种植实业有限公司，华兴人在太平虎巷开垦荒山，在冷水村虎巷山种植佛手、水仙、铁观音等良种茶苗 7 万余株，所产茗茶销往港澳、新马各埠，颇负盛名。冷水村是永春茶叶产量大村，因村里有口老井，水很冷，故名"冷水"，闽南话是"喝

闽北工艺的条索型永春佛手茶

水”的意思。1959 年，经中国土畜产茶叶进出口公司批准，永春三大乌龙茶的出口唛号即使用了“冷”“水”“村”三个字，分别为 L 代表永春佛手，S 代表闽南水仙，C 代表铁观音。

作为乌龙茶类的永春佛手，因工艺不同，有三种不同形态的成品干茶。一种为球状清香型佛手茶，工艺流程为：晾青—晒青—摇青—摊凉—杀青—揉捻—初烘—初包揉—复烘—复包揉—烘干等工序。一种为浓香型佛手茶，它是清香型佛手茶的再制品，在清香型佛手茶的基础上经过定级、归堆、拼配、筛分、风选、拣剔、烘焙等精制工序而成。第三种为条索型永春佛手茶，其用闽北乌龙茶工艺加工而成。

永春佛手茶作为独具地方特色的中国名茶，得到了大众的喜爱。20 世纪 30 年代永春官林垦殖公司在《崇道报》做广告描述佛手茶：“永西之狮峰岩，为本邑名胜之一，古产雀舌名茶，驰誉一时……同人等有鉴及此，乃组公司，积极垦殖，栽种雀舌香、佛手种、铁观音等名茶。出品以来，茶翁雅士，誉为尽美。”诗人余光中品饮家乡佛手茶后欣然题字：“桃源山水秀，永春佛手香。”喜爱佛手茶的茶界泰斗张天福（1910—2017）老人在 20 世纪 80 年代曾亲自指导永春佛手茶的制作，90 岁高龄时他还亲临永春担任茶王赛评委，并为永春佛手茶题词“佛茶飘香”。国家茶叶质检中心主任骆少君女士赞永春佛手茶“永春佛手，名震神州”。如今，永春佛手茶传统制作技艺已被列入福建非物质文化遗产名录，越来越多的茶友开始接触并喜欢上了这个来自闽南小城的传统香茗。“万紫千红花不谢，冬暖夏凉四序春”，永春佳美，佛手飘香，如果身边有要好的朋友还未曾去过永春，不妨事，就请你送泡佛手茶给她吧，“永春佛手，如遇知己”！

早春绿茶误区多

科学信息丰富昌明的今天，很多关于喝茶的问题，

大家仔细想一想，在资料上查一查，都是可以找到答案的。

竹林内的野生顾渚紫笋茶

早点吃了块儿稻香村的自来红，有点儿腻，想起了我的私房绿茶最爱“金石冽”——明前野生顾渚紫笋茶。一盏明前的野生顾渚紫笋茶，乳嫩轻滑，如啜甘露，其独具的似金石之冽气，更是令它茶无出其右。唐代茶圣陆羽写过一本《茶经》，《茶经》实际就是以顾渚紫笋为蓝本来写作的，爱好饮茶文化的朋友，要想读透《茶经》，定要喝喝野生顾渚紫笋茶，好好体会一下陆羽所说的上者生烂石、紫者上、笋者上、叶卷上这些词语所描绘的好茶的滋味。

盏中鲜活舒展的叶片，引起了我对早春绿茶的一些思虑。大家都知道，早春绿茶，尤其明前茶，是很好喝的。但是现在的茶叶消费市场上，对早春绿茶形成了一些错误观念，大概归纳了一下，主要体现在三个方面：越早上市的绿茶越好；越绿的绿茶越好；最后一点，绿茶要用低温水泡才好。这个低温水是很多人宣传的70℃到80℃的水。有人给出的理由是早春绿茶很嫩，如果你用高温水泡就会破坏茶内的维生素C，把茶给泡坏了。是否如上所述呢，我们逐一分析一下。

先来说说“越早上市的绿茶越好”，这个首先就不对，为什么呢？对于茶叶生长的环境来说，大家需要知道一个概念，在气候条件划分上，每500公里算一个气候条件，每隔500公里的地域它们都会相差一个节气。所以，讲早春茶这个概念，那得看它是云南的茶还是河南的茶，是贵州的茶还是苏州的茶，这需要去分析，不能完全用“明前”这个概念作为划分标准。还有一个常识，通常海拔每升高100米，气温大约会下降0.6℃。那么同一种茶类，越是生长在高海拔山坡上的茶，它的采摘时间就会晚于生长在低海拔茶园里的茶，它

明前西湖狮峰群体种龙井茶

上市的时间也就会越晚，而品质好的茶一般都是生长在高海拔生态好的地方。由此亦可推出同一地理条件下提早多日上市的茶很可能是有问题的。

第二，很多朋友认为“越绿的绿茶越好”，实际不完全是这么回事，嫩绿微黄才是好的早春茶青的特征（安吉白叶绿茶另当别论，那是低温原因导致叶绿素合成被阻断使然）。成品茶中，拿著名的西湖龙井来说，明前西湖龙井的颜色是糙米黄色，不是纯绿色。那为什么有很多纯绿色的茶在市场上呢？某些情况下，出于降低成本及迎合市场考虑，使用了低温杀青工艺使然。低温杀青可以保持茶的绿色，使它看上去很翠绿，很醒目，很漂亮，吸引人的眼球。低温杀青使得茶叶中低沸点的青草气的物质没有从鲜叶中挥发出去，茶叶内主导苦味的咖啡碱没有得到适当的挥发，复杂的脂型儿茶素异构减少，茶的涩感没有得到适度降低，那么经水浸泡，它们融在了水中，进而形成对胃肠的刺激，这也是很多朋友一喝绿茶就不舒服的主要原因。举个例子，在家里吃凉拌芹菜，为什么要焯一下才吃，为什么不吃生芹菜？因为生吃芹菜伤胃。或者你炒着吃，为何要炒？炒菜实际就是在杀青，这跟茶叶杀青的道理相同，就是让蔬菜中低沸点的刺激性强的物质挥发出来，把它炒熟后再吃到胃里面，就不伤害胃了。但是要知道，伤胃是有标准的，即使是炒熟了的芹菜，一顿饭吃两锅照样伤胃，因为这个量太大，超过了胃的正常消化能力。现在应该明白了，相等且合理的饮量下，低温杀青的茶是伤胃的，高温杀青的茶不伤胃，但前提是要把握好一定的浓度，好茶一天喝五十泡照样会伤胃。所以饮茶要适度，每天所饮干茶总量不要超过 12.5 克。此事可参考笔者所撰《懂点茶道》一书，对于饮茶健康的相关问题，此书有专章阐述。

好了，懂了这些，第三个问题就迎刃而解了。为什么有些人跟你说要用70℃到 80℃的水温沏茶呢？低温杀青的茶，用高温水来沏，想想会出现什么问题？低温杀青下，低沸点的物质与部分咖啡碱没有被挥发出来，复杂的脂型儿茶素异构减少，高温一沏，这个茶的味道就会又苦又青涩，顾客还会买吗？所以一个简单的判断，诱导你用低温的水去沏绿茶，这个茶很可能是有问题的。真正的好茶是不怕高温水沏的，为什么？

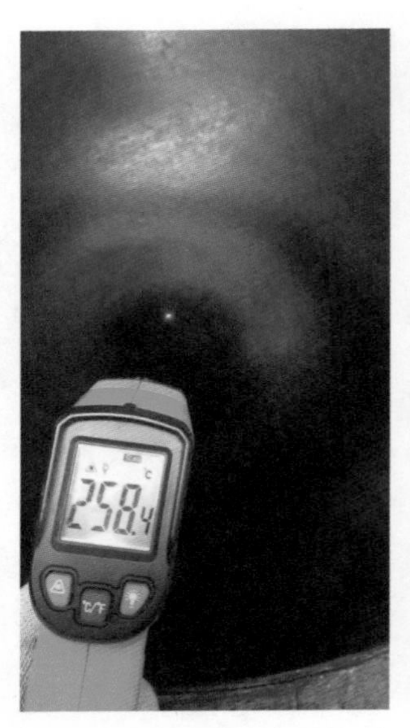

明前洞庭碧螺春茶在杀青前铁锅的温度

在一个正常的制作绿茶工艺当中，炒茶杀青的时候，铁锅的温度要达到 200~300℃，高温杀青下，新鲜叶片在锅内的叶表温度至少要保持在 80℃，且达到 5 分钟左右，这才能完成短时间内对多酚氧化酶的钝化。所以沏茶的水温至低也要达到 80℃。注意，我说的是至低，没有说推荐，我的推荐是高温沏茶。高温扬香，这是最简单的物理常识。工艺合格的好茶是不怕开水烫的，尽管用沸水去泡它们，真金不怕火炼。

另一个无稽之谈就是有人说这高温水一烫，茶里的维生素 C 都热解了，就没有营养了，所以要用低温水沏茶。告诉大家，这又是忽悠人的说法。首先我们知道维生素在干茶有机化合物中所占的比例大致是6‰，而且这还是包括了维生素C、B1、B2、B5、B11、A、D、E、K等的总量。通常用120毫升盖碗沏绿茶一次放3克茶叶，3克茶叶里面能有多少维生素C呢？要清楚喝茶喝的是什么，喝的是茶的特性物质。茶的特性物质主要是什么？咖啡碱、茶多酚、茶氨酸、茶多糖，喝的是这些东西，喝的不是维生素C。有很多人喝了一辈子茶，都不知道自己在喝什么，为什么喝它。其次，茶叶里的茶多酚含有酚性羟基，这使得它在茶汤内可以游离出氢离子，所以茶汤是呈弱酸性的，它的pH值小于等于7。这一点就告诉我们，泡茶用的水应该使用弱酸性或中性的，而不要去用碱性水。维生素C在碱性跟中性条件下是不稳定的，而在呈弱酸性的茶汤里是很稳定的。实验证明溶于茶汤中的维生素C在80℃的水温下煮沸5分钟后，还可以保留85%。在100℃的时候，连续煮10分钟，能留下17%。我们平常用盖碗沏绿茶，不过就80℃到100℃的水温下数秒而已，这种饮用环境内维生素C是不会被破坏的，或者说受破坏极小。

另外说一点，对于明前头采绿茶，朋友们没有必要去迷信绿茶的单芽茶。为什么呢？单芽茶滋味不够丰富。一芽一叶或者两叶的茶，它们的茶多酚、咖啡碱、氨基酸的含量是高于单芽茶的。从实际经验来看，最好喝的绿茶是清明前采摘的一芽一叶到一芽两叶之间的茶。我自己每年做的明前绿茶都是依照这个标准，从不迷信单芽，且这种情况下性价比是最高的。

一个小知识，对于绿茶中的洞庭碧螺春来讲，它的前两三泡茶汤汤水呈浑浊态，这个是非常正常的，不要以为有问题。汤水浑浊恰恰是碧螺春特殊的搓毫工艺的体现，茶毫浸入了汤水。换句话说，如果

明前头采野生顾渚紫笋茶

你喝到的碧螺春茶它的前两泡茶汤颜色是清澈透明的，那么该茶是有问题的。我曾经遇到过一个朋友很有意思，他头一次喝碧螺春茶，一看茶汤是浑浊的，就倒掉了，接着第二泡又倒掉了。我问为什么，他说，这个茶脏，要洗洗茶。

生态好的明前头采绿茶，笔者认为在 120 毫升容量的盖碗下，投茶 2 克到 3 克就足够了。生态好的明前头采绿茶物质含量太丰富，茶投多的话，汤水就会发苦、涩。如果感觉到汤水苦涩了，那么不是茶投多了，就是出水慢了，大家自己调整一下出汤浓度就可以解决。一个小窍门，如果觉得沏出的茶汤苦了，那就给公道杯内的茶汤兑白水，边兑边尝，当嘴里开始发甜，且香气正常，这个时候即是最恰当的出汤浓度。记住此时的汤色，在下次出汤时，就按这个汤色来把握出汤时间，用此种方法操作，每次沏出的茶汤都会很好喝。另外在出汤时，一定要先揭一下盖碗的盖子，把水蒸气放些出去，然后再盖上盖子出汤，这么做的原因是绿茶不怕烫，怕闷。出完汤后，同样把盖碗的盖子揭开，放一下碗里水蒸气，如此操作可以最大程度保证汤水的鲜香。

科学信息丰富昌明的今天，很多关于喝茶的问题，大家仔细想一想，在资料上查一查，都是可以找到答案的。细茶（绿茶）宜人，理应长饮。望大家在草长莺飞的美好春天，能够好好地选一款适合自己的绿茶，康健身体，清心养神。

香茶最解春困愁

春困，宜选高香的凤凰单枞、武夷肉桂饮用，以此来激发神情。

春愁，宜饮清香沁人的传统茉莉花茶。

刚吃完早点，上下眼皮就开始打架，若即若离地又要迷糊。春困！意识到了，赶紧烧水沏茶，来一泡马肉（马头岩肉桂）。被马肉霸气的香味儿一冲，清醒了。边品茶边想起个话题，春天里，有两种常见的现象恼人，就是春困与春愁。很多朋友搞不清楚春困、春愁的区别，以为它们两个是一回事儿，其实不然。大周末的正好儿得空，写一写春困跟春愁的区别，以及这两种情况下宜饮什么茶为好。

先说说春困是怎么回事儿。在冬天，外界天气冷，温度低，我们的身体受到低温刺激后，皮肤的毛细血管就会收缩，血流量相对减少，汗腺和毛孔也跟着闭合，减少了热量的散发，身体通过这样的方式来维持正常体温，这是一种自然的生理机制。开春了，随着气温的升高，体表的毛孔、汗腺、血管开始舒张，新陈代谢逐渐旺盛，皮肤的血液循环也旺盛起来。这样供给大脑的血液就会相对减少，大脑本来习惯了在氧气充足的状态下工作，这供血一减少，就导致了咱们无精打采、昏昏欲睡。此为春困。

生机勃勃的武夷山马头岩肉桂

春愁与春困可不一样，春愁是同精神有关。春天气候多变，多有阴雨绵绵的天气，很容易引起“季节性抑郁症”。所谓“三分春色二分愁，更一分风雨”，又有“春风春雨愁煞人”的俗语。在人的大脑里有一个椭圆形小体，叫作松果腺体，松果腺体能分泌一种叫作松果激素的物质。松果腺体对阳光敏感，阳光强烈的时候，分泌的松果激素就少，阴雨天时分泌的松果激素就多。这种激素有抑制甲状腺及肾上腺分泌的作用。阴雨天分泌的松果激素一多，就导致了人体内的甲状腺素、肾上腺素的浓度相对降低，而这两种物质是促使细胞积极工作的激素。它们一减少，细胞就会“消极怠工”，导致了人情绪的低落。不良的情绪很容易引发神经、内分泌功能紊乱，导致免疫功能下降，万不可掉以轻心。另外中医认为，立春后，天气渐暖，阳气逐渐向外生发。而初春还有一点春寒料峭，体内阳气不容易向外生发，人在情绪上就会憋闷，容易产生郁闷情结。那怎么办呢？这时候就需要用理气的药物来调整。在中医里大多都是用香气高的物质来调理，比如茉莉花，芳香解郁，可以把人体内一些压抑的情志发散出去。

明白了春困、春愁的区别，茶友们就可以自己进行调整了，怎么调整，从两个方面进行，一个是顺时而动，另一个就是择茶而饮。《黄帝内经》中说：“春三月……夜卧早起，广步于庭，被发缓形，以使志生，生而勿杀，予而勿夺，赏而勿罚，此春气之应，养生之道也。”意思是说，春季作息要晚睡早起，在庭院里经常大步行走，将头发散开，使衣物宽松，情绪上保持开朗豁达，减少争斗、发怒等激动情绪，不要斤斤计较，多与人为善，这就是春季的养生规律。

春困，宜选高香的凤凰单枞、武夷肉桂饮用，以此来激发神情，使精神、情志、气血亦如春天的自然阳气一样舒展畅达、生机勃发。

福建永春深山中的野生栀子花

春愁，宜饮清香沁人的传统茉莉花茶。茉莉性温，味微甘，具有理气止痛、辟秽开郁的功效。真正的好茉莉花茶，香气清婉，馥郁宜人，疏肝解郁。早春时节，家中有牛肉（牛栏坑肉桂）、马肉（马头岩肉桂）、猪肉（野猪洞肉桂）、鸭屎香、芝兰香、传统茉莉花茶的朋友，别藏着，该拿出来喝了！

立秋饮茶有感怀

真传一句话，假传万卷书。用科学解释事物，是想传达知识给人知道；
用玄学解释事物，那就是不想让你看懂。学茶亦如此。

春种，夏长，秋收，冬藏。

这个夏过得苦，北京真是潮、闷、热，人快要抵上便宜坊的鸭子了。有茶友问为啥不是全聚德？哦，全聚德的鸭子是挂炉。

总觉得胡同平房里长大的孩子跟楼房里长大的孩子还是有些许的不一样。喜欢小时候的夏天，蓝天檐廊下，茶叶末儿色养鱼缸，大把儿缸子茉莉高末茶，摇蒲扇，听风铃，看着院儿里种的这个那个，一片触手可及的红绿。几十年，气候变化蛮大的。过去北方爽利的夏天不见了，空气变潮了，蜜蜂、蝴蝶、蜻蜓、知了都少了。夏天的早上偶尔还能在颐和园里看到用竹竿从树上撬蝉蜕的老人。

近年的疫情导致了一些朋友逢假日异地留守而不能回老家过节，从小处说这是担当，说大了是为国家、民族在做贡献。事物都有两个方面，换个角度看，这也是个在快节奏工业社会生活中难得的让人静下来进行思考的机缘。平常忙碌奔波的人生情态下，可有端详过擦身而过的花草，抽枝的柳条，悬在电线上的小鸟，地铁上露着笑容的志愿者，菜市场里讨价还价的老妈妈……闷天儿热气儿，沏一壶明前洞庭碧螺春，问茶氨酸要点愉悦，请咖啡碱来败败火，静静心，定定神，安安情，虑虑事，咂摸咂摸生活这家伙到底是个啥。

春种，夏长，秋收，冬藏。品着茶，捋着手指算算这过去了的二分之一年都干了些什么。书，读了些许；文章，写了些许；眼，花了些许；茶，做了些许；茶器，烧了些许。学茶，要走简而赅之的路，拨开繁复表面，搞懂背后不变的道理方是上策。你看《易经》，顾名思义就是简化了天地间道理的经文，知晓《易经》，一通百通。再看禅宗的“禅”字，左边“礻”由指示的“示”变形而来，右边为简单的“单”。“禅”即是指示给你简单的道理。过去我讲普洱茶的挑选方法时说过，“古树、大树、台地、小树，面对眼花缭乱的普洱茶概念，咱们该怎么选呢？背会金庸大侠说过的那句话就可以了，‘他强由他强，清风拂山岗；他横任他横，明月照大江’。记住，好茶是有共性的，要抓住共性，以不变应万变。普洱生茶，茶汤要干净，杏黄明亮，有香气；杯底有花香或果香；有苦涩感，但能很快化掉；汤水黏稠，有冰糖甜者为上品。普洱熟茶，汤色红浓明亮，喝起来口感醇厚、稠滑，有陈香，有甜。即可。”真传一句话，假传万卷书。用科学解释事物，是想传达知识给人知道；用玄学解释事物，那就是不想让你看懂。学茶亦如此。

收获的季节，愿大家遇良师，交好友，喝好茶，快乐生活。

“竹枝双鸟图”粉彩品杯

霜降品品老茶婆

好茶，嘴跟身体会告诉你的！不是有那么句话嘛，“不要看广告，要看疗效”。

今天霜降，想起了一位“老茶婆”。烧水，泡泡这位年近半百的六堡老茶婆。“茶婆”，是广西六堡人对茶树中的老茶叶的称法，前面加个“老”字，不是指有年份的老茶，说它老是针对其不是芽头而是原料为秋天叶片而言。这泡是20世纪80年代的六堡“老茶婆”，原料是六堡茶树秋叶，霜降经霜后采摘，架铁锅，烧开水过锅，捞青，干燥，干透后收堆，完好保存至今。

茶汤干净通透，杏黄明亮，罗汉果香扑鼻，略带药香；明显的冰糖甜汤水，颇生津。开汤头泡，背即微汗，好的老茶的体感真的是不得了。我总说，好茶，嘴跟身体会告诉你的！不是有那么句话嘛，“不要看广告，要看疗效”。我们品茶，不论谁的茶，都要喝过再做定论。当然，前提是您已经熟知了该类茶的特点。为什么这么说？因为有一个经常能看到的现象，不少人花了很贵的钱买茶，但他喝的那

霜降饮老茶婆

个买到的茶不是该类茶的正确味道，市场里商家无良或者有些商家囿于自身对此茶的错误认知，把买茶的人带偏了。时间一久，买茶的人反而把这种茶的口感当成这类茶好茶的标准了。当你拿该类茶中品质优良的样本茶请他品尝的时候，他会言之确凿地说“你这个茶的味道是不对的”。我真的遇到过这样的朋友，有时解释多了，场面会很尴尬，因为那毕竟是人家花上万块钱买来的，所以大多时候选择无语。

一次，在北京的茶学课上，我给同学们讲了这个现象，一位经销茶的学生说：“老师，这点我有同感。给顾客喝正岩的茶，反而被顾客误解为茶错了，在欺客，对我很不屑；换了拼配的外山茶喝，他却认为是对的，喊着说‘这个对，就要这个’，让我很无语。”我说：“正常，茶市水深，被误解是人生常态，被理解才是稀缺的意外。”大家都笑了。

喝茶、学茶，有一个切实的经验，喝某类茶，一定要去找最能代表这类茶特点的标杆茶去喝。如果价格贵的话，可以少买，比方说买一两尝尝也可以，目的是定要建立一个标准的口感。如果没有一个对该类茶正确味道的感受与把握，是很难去分辨此类茶的好坏的。直白点儿说，就是钱是花了，可你一辈子也喝不明白茶。这样做就学茶来讲，可以少走很多弯路。我不是在鼓励人去买价格高的东西，我要表达的意思是，只有当你知道那个正确的味道之后，方能够分辨出不对的东西，进而可以学会挑选性价比更高的东西。

比方说西湖龙井，如果没有喝到过正宗的群体种西湖龙井，是不知道正宗西湖龙井的特点的。正宗的西湖龙井是什么特点呢，耐泡，典型的豌豆花香，汤水甘甜。《钱塘县志》就说“茶出龙井者，色清味甘，作豆花香，与他山异”。当一个商家把 A 龙井或者 B 龙井，挂以明前西湖狮峰群体种龙井的名牌卖出，虽然价格很高，但买到茶的人很亢奋，认为找到宝了。实际上人家比你更亢奋，因为在你身上赚了为数不少的钞票，你买到的是非狮峰山产出的群体种龙井茶。如果熟知真正西湖狮峰群体种龙井的特点，那么一喝就能品出 A 龙井或 B 龙井不是真正西湖原产区群体种龙井的味道，就不会上当。对于其他五大茶类白茶、青茶、黑茶、红茶、黄茶的挑选，都是同一道理。

朋友们习茶买茶，不能花冤枉钱，即使贵，也要先去找一类茶中的标杆茶买来喝（可以少买，或选择小泡包装）。熟悉该茶类特点后，再去买自己能承受的价位的茶，这样的茶虽不是最高等级，但它不会偏离该类茶的基本特点，也会让你物有所值。对买茶人来讲，这才是真正意义上的性价比最高的茶。

买茶出错都难免

不生隔夜的气，不得隔夜的病。

幸福绝不是得到的多而是计较的少。烦了，就去沏壶好茶喝喝吧。

老孙打来电话，说要斗茶，让我在斋中等他，来了很神秘的一笑，说："我这儿有一款桐木关的无烟工艺小种红茶，跟你那'香妃'比有过之而无不及，来吧，咱们比划比划。"说实话，我真没当回事儿，因为"香妃"是我做得很得意的一款武夷桐木关私房红茶，这个茶的性价比在市场上很少有能够匹敌的。斗茶开始。第一泡，他的茶汤颜色正常，金黄油亮，但味道让我有点吃惊，跟我的"香妃"味道很接近，也泛着一股哈密瓜的香味儿，瞅着我的表情，老孙得意地笑了。好歹我也算身经百战之人，能够稳得住情绪，我说："别着急，接着来，咱们泡几泡再说。"二泡、三泡……六泡，六泡之后，悬着的心定住了，我笑着对他说："怎么样？喝出点眉目了吗？""啊，好像是你的香妃，味道一直很自然平缓，且香气慢慢变淡了。我的这个茶六泡了，香味依然较浓。""对呀，能看出点什么吗？"老孙摇头。我说："老兄啊，你买到工艺茶了！这个茶肯定是被人做了手脚。你想，如果是一款自然香味的茶，它的香气本身是附着在茶叶的干物质里面，那么随着水气的蒸发，这些被热量激发出的香气会逐渐挥发掉而越来越弱，这才是一款自然的茶。老兄，你上当了！这茶多少钱一斤？"他耷拉着脑袋说："1500 多。"我笑着说："你呀，肯定是被人忽悠了，这就叫贪小便宜上大当。早就跟你说过，现在有些人为了降低成本会想办法在工艺环节上作假，比方说颜色、香气，好良言难劝你这个该死的鬼呀！"

事情挺搞笑的，但实际上我讲这个话题心情还是有点沉重的。又到年底了，是大家买茶礼尚往来于亲朋好友的时候了，市场混杂，买茶要留神，尤其闻到很香的茶叶的时候，千万需要警觉，不要以为香重就定是好茶，试茶要多喝几泡，因为不管什么茶，它的香气都会逐渐递减的，若几泡内变化不大，大概率是碰上有问题的茶了。

周末中午表弟摆家宴，嘱咐我带一泡纯种大红袍奇丹过去喝。为什么呢，因为他的一个关系非常好的外地老战友来京，客居他家，带了“真正”的大红袍给他喝。表弟一喝，知道是拼配的大红袍茶，就跟人家说一会儿找人沏泡真正的纯种大红袍奇丹请他尝尝。进门，先喝茶。头三泡，搞得那位朋友后背汗流涔涔。“好茶，原来纯种大红袍是这个样，甘，香，水滑，体感真强。”言毕又面现忧色。表弟给我解释，“他上了一当，自己对茶不太懂，花了6000多，买了一斤拼配工艺的大红袍茶。”至散席，这位朋友还在诉说买茶上当之事，且义愤填膺。

其实大可不必。人人都会遇到倒霉的事，即使这个事的前提是源

瀹纯种大红袍奇丹

耕而陶茶斋小景

于本身辨别力不够。放松下来，加强学习，引以为戒，权当丰富了一下自己的人生。逆事，是人生旅程中的一个风景，不是旅途的全部。买错茶，从小处说不过是上了个稍损毫发的当。讲大点，人生本身就没有圆满这件事存在。面对碰到的不如意，尽量改变自己能够改变的部分。至于个人无能为力的部分，就坦然接受吧。

日出东海落西山，忧也一天，喜也一天。遇事不钻牛角尖，人也舒坦，心也舒坦。不生隔夜的气，不得隔夜的病。幸福绝不是得到的多而是计较的少。烦了，就去沏壶好茶喝喝吧。

浓茶解酒实不宜

喝完酒再喝茶，也会加重对心脏的刺激，这对于心脏来讲是雪上加霜，心脏有既往病史的朋友要千万注意这件事情。

居家过日子，很多人存在着这么一个习惯，甭管是在外应酬还是在家与亲朋好友聚会，如果谁喝酒喝多了，就会有人说，“快，沏点浓茶来，给他解解酒。”这是个挺常见的生活现象。早些年，养生方面的医学知识普及还不够到位，造成了人们的一些生活认知误区。近年来，随着这方面医学知识的普及与健康饮茶知识的宣传，我们知道了酒后饮茶实际是大错特错的事情，长时间有这种习惯的人，身体的损伤是很大的。

为什么呢？我们来看一下，酒精在身体里被转化的过程是怎么样的。喝了酒之后，酒精也就是乙醇主要在肝脏内进行代谢。在乙醇脱氢酶的作用下乙醇先是转化为乙醛，接着又在乙醛脱氢酶的作用下转化成乙酸，乙酸再被氧化成二氧化碳和水由身体排出。茶里面含有一

浓茶解酒有危险

类物质叫生物碱，主要是咖啡碱跟茶碱，它们可以令中枢神经兴奋，具有提神的作用，并且它们也有很强的利尿作用。酒后喝浓茶，有的人觉得头脑变清醒了，实际上这是因为茶里的咖啡碱、茶碱刺激了中枢神经，让我们的神志兴奋了起来，仿佛“解了酒”似的。但这只是短时间的主观意识上的清醒，实际此时此刻人的身体正在被“酒+茶”双虐，超负荷地工作着。在生物碱的作用下浓茶能很快地发挥出利尿的作用，由于排尿过多，会把还没来得及完全分解的乙醛过早地引入肾脏而经过肾脏排出去，此情形下肾脏受到了茶与乙醛的双重刺激，负荷加大了，进而影响肾功能。明代著名的医学家李时珍在《本草纲目》中对酒后饮茶的危害是如此描述的：“酒后饮茶伤肾，腰腿坠重，膀胱冷痛，兼患痰饮水肿、消渴挛痛之疾。”浓茶同样有兴奋心脏的作用，喝完酒再喝茶，也会加重对心脏的刺激，这对于心脏来讲是雪上加霜，心脏有既往病史的朋友要千万注意这件事情。

浓茶解酒不科学，确确实实伤身体，有这个习惯的朋友从现在起不要再用这种方式来解酒了。万事健康第一。

后记

《懂点茶事》撰写完结，掩卷。

赏梅，品茗。梅花树下，瀹一泡武夷四大名丛之一的水金龟。水金龟汤滑水稠，汤水中蕴含着其特有的品种香——梅花香，饮后齿颊生香，气息过喉，令人着迷。品着茶汤，思绪自然关联到了茶。茶是个滋味丰富、可以入口的农产品，而它又比其他农产品多了一层人为赋予的形而上的东西，这正是茶的迷人之处。

我国对茶最早的利用源于荆巴，“自秦人取巴蜀后，始有茗饮之事”。茶兴于唐而盛于宋，广于明，遍于清。唐人说“累日不食犹得，不得一日无茶”，宋人讲“盖人家每日不可缺者，柴米油盐酱醋茶”，元人言“早晨起来七件事，柴米油盐酱醋茶”。自古至今，茶都是老百姓须臾不可离的日用农产品。我们当今所见的六大茶类其源出、演变都是历史车辙前行下的必然。人世间的所有事、物都是围绕活着和更好地活着而发生、展开的。

“茶有千百种，至味在淡中”，简单的话语与道暗合。什么是道？“道可道，非常道”，道不可言，老子的《道德经》只说：“道生一，一生二，二生三，三生万物。”三，二，一，道！可以这样理解，至简方近道。你看中国汉字是怎么书写“茶”字的，“茶”是人

梅下瀹水金龟

处在草木之间，多么生动形象，它体现出茶是人类面对自然的态度。自古茶人都是重德、贵真的，先人们在与茶打交道的过程中，通过对茶的认识，把它的一些自然本质融入自己的生活当中，继而又延伸至精神世界，影响了人的品格及心境。“以茶可生活，以茶可行道，以茶可雅志”，逐渐形成了中国饮茶文化的精神所在。不唯古时，现代社会中，茶在满足人们修身养性、陶冶情趣之生理、心理健康需求外，茶艺、茶礼、茶宴、茶会等不同形式亦成了谋求社交礼仪的手段，这个四季常青的茶树绿叶早已超出了它自身固有的物质属性。

时下，一些不健康的饮茶文化已经在空中飘着很久了，甚至接近于玄，就差每人发个蒲团以念经的形式习茶了，这是不对的。习茶应基于科学、健康的前提而为之。出于商业目的去神话六大茶类、夸大饮茶功效而忽视饮茶健康是对数千年来形成的饮茶文化的亵渎与背离。

饮茶没有节制、过量饮用，害人匪浅。中国历史上第一位茶艺表演艺术家、现代茶艺师的祖师爷是唐代的常伯熊。常伯熊对唐代煎茶道的盛行起到了极大的推动作用。唐代封演所著《封氏闻见记》里记载：“楚人陆鸿渐为茶论，说茶之功效，并煎茶、炙茶之法。造茶具二十四事，以都统笼贮之。远近倾慕，好事者家藏一副。有常伯熊者，又因鸿渐之论广润色之，于是茶道大行，王公朝士无不饮者。御史大夫李季卿宣慰江南，至临淮县馆。或言伯熊善茶者，李公请为之。伯熊着黄被衫、乌纱帽，手执茶器，口通茶名，区分指点，左右刮目。茶熟，李公为啜两杯而止。既到江外，又言鸿渐能茶者，李公复请为之。鸿渐身衣野服，随茶具而入。既坐，教摊如伯熊故事，李公心鄙之。茶毕，命奴子取钱三十文酬茶博士。”陆羽的技艺、举止不如伯熊，故“李公心鄙之”。茶艺虽然厉害，但由于缺乏对茶性及饮茶量的把握，后来“伯熊饮茶过度，遂患风，晚节亦不劝人多饮也”，不免令人唏嘘。无独有偶，看看明代大医家李时珍在自己晚年又是如何警戒后人有关饮茶之事的。李时珍说自己：“时珍早年气盛，每饮新茗必至数碗，轻汗发而肌骨清爽，觉痛快；中年胃气稍损，饮之即觉为害，不痞闷呕恶，即腹冷洞泄。故备述诸说，以警同好焉。”

大家饮茶、习茶，为的是追求有质量的生活。高质量生活的背后须臾不能忽视的是自己身体的健康。墨子讲过一句特别朴实的话：“甘瓜苦蒂，天下物无全美。”再甘甜的瓜，都长有苦蒂，天下没有十全十美之事。茶是一把双刃剑，它能养人，也能伤人，饮茶者要明白去害存用的道理，脱离健康谈饮茶是无根之木、无源之水。学会选择茶、分辨茶、利用茶；养成常喝茶、喝好茶、不喝烫茶的习惯，尤需记住每日干茶饮用量的上限不要超过 12.5 克这一关键数值方为妥切。（缘由见拙著《懂点茶道》）

啜茶一口，用李时珍的这句“以警同好焉”为本书收尾。

2024 年孟春于耕而陶茶斋